美学史论稿

中国美学史论

吴功正 著

陕西师范大学出版总社

图书代号：SK20N0823

**图书在版编目(CIP)数据**

中国美学史论/吴功正著.—西安：陕西师范大学出版总社有限公司，2020.8
（美学史论稿）
ISBN 978-7-5695-1324-0

Ⅰ.①中… Ⅱ.①吴… Ⅲ.①美学史—中国 Ⅳ.①B83-092

中国版本图书馆CIP数据核字(2020)第021538号

## 中国美学史论
ZHONGGUO MEIXUE SHI LUN

吴功正 著

| | |
|---|---|
| 出版统筹 | 刘东风 郭永新 |
| 责任编辑 | 宋媛媛 |
| 责任校对 | 彭 燕 |
| 封面设计 | 张潇伊 |
| 出版发行 | 陕西师范大学出版总社 |
| | （西安市长安南路199号 邮编710062） |
| 网　　址 | http://www.snupg.com |
| 印　　刷 | 陕西龙山海天艺术印务有限公司 |
| 开　　本 | 787mm×1092mm　1/16 |
| 印　　张 | 11.75 |
| 插　　页 | 4 |
| 字　　数 | 167千 |
| 版　　次 | 2020年8月第1版 |
| 印　　次 | 2020年8月第1次印刷 |
| 书　　号 | ISBN 978-7-5695-1324-0 |
| 定　　价 | 68.00元 |

读者购书、书店添货或发现印装质量问题，请与本公司营销部联系、调换。
电话：（029）85307864　85303629　传真：（029）85303879

# 总序

对《六朝美学史》《唐代美学史》《宋代美学史》的修订实际是每部书出版后就已着手，这是因为每部书都有欠缺、遗珠和不足。修订是重新审视，甚至以旁观者或以读者的身份看待，这样，或是幡然猛醒，自查自纠；或是补苴罅漏，另起炉灶。

需要说明的是，我的先期积累和准备不是美学史，而是美学理论和文学经典的审美鉴赏。我1985年出版了文体美学著作《小说美学》，1991年出版了门类美学著作《文学美学》，然后才开始写美学史。因而，我是在打下了比较坚实的美学理论基础上才进入美学史域的。另外，我还阅读和解阐了相当数量的经典文本。理论和文本，犹如鸟之双翼，等翅膀羽毛长硬实了，就可以飞入美学史领地。通过实践，这种研究方法行之有效，不仅根基扎实，而且别立一套美学史体系。

本次修订实际上已经跳出三本美学史，从更宏观深入的角度观照整个中国美学史外在和内在的关系：不仅涉及美学史的本体内容，而且扩大至未被认知的领域；不仅对系统之间加以整合，而且指涉研究理念、方法论、书写方式等问题；不仅回答"写什么"，而且回答"怎么写"。其解读方式是既对对象进行审美价值判断，又进行审美感受的体验，体现当下时代和撰写主体的审美理想和审美价值观。在具体论述方式上，视域求气度，论析求深度，话语有温度。分而言之，主要体现在以下几个方面。

首先，在美学通史中写断代美学史。可以敝帚自珍地说，"通史在胸，断代在握"是"美学史论稿"丛书的学术特色、亮点。在中国美学史上，六朝是转折期，由粗放进入精致，美学精神和形态多有体现；唐代是辉煌期，全面爆出绚丽的火花；宋代是高峰期，影响元、明、清三代美学。三个大的历史时段相对独立，貌似失联，实有关联。这次修订继续坚持在通史中考察断代史美学现象，并扩大到具体的门类美学。例如对六朝陶俑美学的定位，认为六朝陶俑美学在中国美学史上和六朝其他门类美学一样，承前启后，从汉的简单粗放逐步走向精致，作为美学储备为唐三彩精彩纷呈的陶塑铺垫了基础。"断"中有"通"，"通"中观"断"，浑然一体。这不是蜻蜓点水，泛泛而论，而是渗透在论述机体中，化为血肉。对于每一个美学断代，都把它放在中国美学史的长河中考察其地位。众所周知，在不同的美学观念、美学形态、美学范畴等方面，六朝或是创生期，或是发展期，或是转折期；在众多的美学域界，是"映日荷花别样红"也好，是"小荷才露尖尖角"也罢，中古及以后的美学大势都在这里确定下来了。在此后的美学史中，六朝那些美的创造者与美的阐释者，纷纷走进绚丽多姿、五光十色的美学史图像中，唐及唐以后每一个时代的艺术长廊里都折射出这批巨匠们的光华。至于具体个体，也存在着个别和一般的关系，寻根究底还是"断"和"通"关系的内涵问题。在解读审美个体具体审美成就的基础上，也要将其放在中国美学通史中加以考察，明确个体之于普遍的存在地位和作用。如对吴道子宗教画的评价就是在绘画通史中加以考察的。吴道子的宗教画集大成而又自出新意，他于佛画所作"兰叶描"成为后世之楷范，五代及其以后的宗教画在审美技法上盖出于此，可见其影响之深远。这就形成了在深沉内涵上，绘画美学史"断"和"通"的连接。

其次，提高对中国美学史的整体认知，在补短中进而扬长。通俗地讲，就是既做减法，又做加法。但无论是"减容"还是"增容"，是"削山头"还是"填沟壑"，不仅要保证美学史的良好平衡性，最重要的是追求深度和新意。这次修订过程中，三本书的原有存量各自删去三分之一。体例、框架、叙述笔调等均不变，优点保留，但芟除叙述文字，加强提炼和概括，有些章节则整个砍掉。所谓加法，也不是"在蜂蜜上加糖"，而是更为体现笔者对美学史特别是对这三个美学大时代的认识和理解，增添新材料，深化新认知，甚至在局部领域内重打锣鼓另开张。具体做法如下：一是加强思想史和美学史的论述。这是修订的一个重点领域，也是基于作者思想史——美学史的一种认知。六朝绕不过玄学，唐代绕不过佛学，宋代绕不过理学，这是三大时代的思想史标识。修订版不是泛泛而论，而是深入到四个层面：精神层面（增加专节，如宋代《文化精神与美学精神》）、思维层面（增加专节，如宋代《理学与美学思维》）、形态层面（增加专节，如唐代《佛教与书法美学》）、范畴层面（六朝"言意"、唐代"境界"、宋代"涵泳"）。二是加强特色美学阐述。每个时代都有各自的特色"产业"，进而形成特色美学。原书虽努力体现，但有遗珠现象，于是六朝增加《青瓷、陶俑美学》，唐代增加《茶道美学》，宋代增加《工艺美学》。三是加强美学史的本体认知。美学史本体上是史，遵循史的一般原则，是其应有之义。然而，美学史也有特殊的形态原则，在对历史形态进行说明和解读时，应当寻根溯源，找到其发展脉络。如"风骨"这一美学范畴，就形成了刘勰、陈子昂、殷璠、李白这条一以贯之的美学发展线索。作为方外之人，皎然不重美学的外部说明，只重内部描述，这是自元结以来的又一次转变，其特点是向内转，对晚唐司空图、南宋严羽有深刻影响。故而，既勾画美学史思想的线条，又探寻其"三江源头"，才会有史的图像。

再次，以理解之同情深入美学现场，用心写史。美学史是灵魂史、审美心理结构史，正因如此，研究方法更需要思辨和体验，尤其是体验。研究者作为主体仿佛神游于对象的美学世界里，分明在和他们交谈、对话，有切肤之感地体验着他们的酸甜苦辣，跟他们一样喜怒哀乐。这样，研究者就能零距离地与他们神交、心知、灵契，所做的审美评价因之而深笃，所做的审美描述因之而亲切。所得到的便是别一种收获，不是政治学、社会学、考据学的，而是美学的。社会影响人的心态和心态史，进而影响美学和美学史。心态史和美学史之密切关系，也是这次修订的重点之一。例如李贺，就径直以"李贺心态和美学"为题。李贺心态具有变态性特征，心理变态造成物象变形，这又是具体的家世、社会因素所致，构合为李贺心态的形成图式和深层原因。李贺创造了缤纷多姿、荒诞奇幻的美，不仅形成了一个诗歌美学流派，而且出现了一种改变传统、指向新途的审美趋势。这是从审美对象和主体感受中综合形成的，因而具有美学史的本体意义。另外，还注意对心态加以区别，如李白和李贺。李白是放，狂放无忌；李贺是抑，抑郁幽愤。李白心态虽有郁闷之处，但善作发泄、排解，总体比较亮；李贺则内敛于心，形成郁结，趋于暗，于是便以浓艳之物象作为对象性载体。柳宗元和陶渊明的心态也有不同，柳被外界步步紧逼，陶则是自愿为之。历代诗话、诗论往往从心态现象上看待，大而化之，缺少辨析。殊不知心态差异直接影响美学差异，进而形成千差万别的审美个性。

最后，再说这次修订版的缘起，犹如甘蔗倒吃、反弹琵琶。《唐代美学史》最早由陕西师范大学出版总社推出，这是我系列美学史著作中的一部，也是我和该出版社因缘生法的成果。而对已经出版的三部美学史进行修订，并将近年来新的学术成果做一总结（拙著《中国美学史论》），这一提议则是在陕西师范大学出版总社建社三十五周年的庆典上确定下来的。出版计划甫一制订，便开始了行之有效的落实工作。但具体实施过程之艰辛与困难，却大为出乎我的意料。其中甘苦，恕不在此一一赘述。然我以古稀之年，尚有机会"毕其功于一役"，实乃人生一大幸事。毁谤在人，无须多言。

由衷感谢陕西师范大学出版总社董事长兼社长刘东风先生的鼎力支持，以及大众文化出版中心主任郭永新先生在书稿统筹过程中付出的艰辛劳作！一并致谢为修订版常年提供系列论文刊载的《南通大学学报》主编邓乐群教授、《齐鲁学刊》编审张玉璞教授！深切感谢江苏社会科学院樊和平副院长、科研处唐永存副处长所给予的关心、支持和帮助！

吴功正
2018年10月于南京玄武湖湖畔

# 目录

第一章 中国美学史研究概论 ...... 001
    第一节 中国美学史的研究对象、领域 ...... 001
    第二节 中国美学史的研究观念、内容 ...... 005

第二章 建构中国美学史学科体系 ...... 014
    第一节 以人为本位的美学史基点 ...... 014
    第二节 美学史框架的具体建构 ...... 016
    第三节 美学史地位的实际定位 ...... 018
    第四节 美学史的话语系统 ...... 022

第三章 中国美学史的研究理念、程序和书写方式 ...... 025
    第一节 面对、细读文本 ...... 025
    第二节 坚守学术立场 ...... 028
    第三节 书写方法、程序 ...... 031

## 第四章　出土文物（文献）与中国美学史……036
第一节　出土文物（文献）对中国美学史研究的意义……036
第二节　出土文物（文献）和传统文物（文献）的"二重证据法"……042
第三节　出土文物（文献）对中国美学史基本经验、原则的积淀和确定……044

## 第五章　文化遗存与中国美学史……049
第一节　仿石斧解读……049
第二节　陶器解读……051
第三节　玉器解读……053
第四节　华夏文化——美学史的晨曦曙光……055

## 第六章　中国史学史与中国美学史……057
第一节　史实之于美学史……057
第二节　史撰之于美学史……061
第三节　史论之于美学史……064
第四节　史传之于美学史……068
第五节　史学——美学之范式建构……071

## 第七章　中国思想史与中国美学史……078
第一节　美学史内在地进入思想史……078
第二节　美学史的独立品格及其转化机制……082
第三节　思想史和美学史的整合、融会……085

## 第八章　中国宗教史与中国美学史……090
第一节　宗教界——士夫界社会交际方式的审美文化意义……090
第二节　宗教史——美学史影响生成与深化的现象陈述……094
第三节　宗教史——美学史普遍型经验的价值范式……101

第九章　鲁迅与中国美学史研究..................................................106

　　第一节　理念：美学史观以美学观为先导..............................107
　　第二节　首创：系列性美学史原创识见、观念的提出..........113
　　第三节　方法：多元化美学史方法论的运用..........................127
　　第四节　意义：近现代中国美学史研究上的大纛................133

第十章　郭沫若与中国美学史研究..............................................139

　　第一节　早期：在先秦美学史的研究上..................................139
　　第二节　晚期：在美学史研究上的缺失..................................152

第十一章　闻一多与中国美学史研究..........................................161

　　第一节　多领域的美学史研究成就..........................................161
　　第二节　传统和现代相融合的美学史结晶..............................167
　　第三节　史识　诗情　哲思......................................................172

# 第一章　中国美学史研究概论

中国美学史研究就其学科史或学术史而言，较为年轻；比起中国文学史或其他艺术门类史来，就略显逊色；而就学科的形成和学术积累来说，也确实有些薄弱。中国美学史研究的成型期是在20世纪80年代，陆续产生了几部美学史著作（有的虽未标出"美学史"字样，但实际所研究和所涉及的却是美学史，其中有的以通史规模出现，有的则以断代史形制出现），这就为建构中国美学史的学科体系提供了经验现象和文本基础。

## 第一节　中国美学史的研究对象、领域

建构中国美学史的学科体系，首先要确定其研究对象和领域。就美学学术史的短暂历程来看，20世纪50年代所发生的美学大讨论，形成了对美是什么的不同讨论和见解，各主其说，诸如美是客观的，美是主观的，美是主客体的统一，美是社会的、实践的等等。一开始的讨论围绕这些题目进行，是必然的，体现了初始阶段的研究特点。关于这一问题的讨论，尚存后续，到20世纪90年代还有余烬，但不像当初那么火热和有学术深度。那场讨论还只是从抽象的概念争议和理论定义出发，实证性不够。虽然在争论时也间或引用了中国美学史上的实例作为论点的支撑，但基本采用的是西方美学的资料。更重要的是，未能对中国美学史本身给予注意，但讨论的非政治化的学术倾向，却是那个时代环境中所少有而难得的。虽然彼此论争的火力很猛，措辞尖厉，但双方不伤和气，仍然保持良好的人际关系，甚至个人私谊，这

也是少有和难得的。讨论对整个美学的学科建设，对把美学引入广度和深度的层面进行研究，发挥了奠基性的作用。

粉碎"四人帮"，实行改革开放的政策，也极大地解放了美学研究的生产力，焕发了人们追求美、研究美、讨论美的热情，当时几乎出现了全民性的美学热潮。美学成为最火爆、最活跃的学科之一。中国美学史的研究渐渐独立化和自成体系，学科性质、地位也渐渐被确立。

1980年，中华书局正式出版了（实际上于1963年就已完成初稿）北京大学哲学系美学教研室所编《中国美学史资料选编》（上、下册），标志着中国美学史的学科建设已开始形成，有了资料方面的原始积累。这和《中国哲学史资料选辑》在学术目标、功能和作用上是一致的。顺带说一句，到了20世纪90年代，出版了《中国古典文艺学丛编》，包含有古典美学的因素，实行了另一种资料排列方式。1982年，文物出版社出版了李泽厚的《美的历程》。虽然此书未标示史，但实际上却是一部中国美学简史。此后，则如前所述，中国美学史著作便陆续出版、刊行。它们的学术贡献，或是重视审美意识，如李泽厚对先秦美学的研究；或是以范畴作为研究的框架支柱，如叶朗《中国美学史大纲》对历代美学范畴的研究；或是以美学思想为基点，如敏泽《中国美学思想史》的研究。

文化泛化，一切都贴上文化标签，都打扮成文化学者；哲学泛化，什么都"哲学"了，诸如网络哲学、生态哲学、经济哲学、环境哲学，不一而足。本来是超越性质的学科，却被拉回到具体的尘俗世界中来；本来是形而上层面的，却被逼入形而下之中。美学也被泛化了，于是，美学销蚀了原初的含义，美学和美学史失去了它固有或原先的品格与形态。所以，中国美学史研究在如此背景、语境下应当找回自己，以严肃的姿态找到自己的存在和位置。

中国美学史是高层次的学术研究领域，是把过去时代先人们所创造的学术智慧和斑斓多彩的美呈现给今人，描述并揭示其发展的历程和经验性现象，以建立起现时代的美学文化体系。这就有研究的品位和研究成果的品格问题，不应该自我贬损和掉价。

学科体系的建构首先在于学科研究和叙述对象的确立。中国美学史应当避免中国文学史著中所产生和形成的两种偏颇现象：中国文学史以文学作家和作品为对象，中国文学理论史或批评史就纯然讲述的是文学理论家和文学理论著作了。当前最需要克服的则是把中国美学史写成美学理论史即美学理论的史的偏向。在研究对象上，通过对中国美学史研究状况的分析和把握，通过自身断代美学史著研究、撰写的经验概括，笔者认为：应当进行美学思想和审美形态的结合性研究。这是中国美学史研究的基点。后者表现于艺术事实中，前者按照一般理解存在于美学理论中，这是对的，但不全是如此，因为美学思想还体现在审美实践者所创造的感性形态的审美作品中，不是直接诉诸明晰的美学理论话语，而是通过审美作品传送出来。这两大基点是不可偏废的，一部中国美学史如果离开了千姿百态、五彩缤纷的艺术事实，将是何等缺少血色；当然，艺术事实不是美学史的全部对象和构合内容，但是，千百年来艺术事实所创造出来的美态、美色、美感，正是美学所应加以体认和解读的。就美学理论而言，盛唐就薄弱得多，但艺术事实如李白、王维的诗，颜真卿的字，吴道子的画等所焕发出来的光彩却是何等灿烂。从艺术事实出发，概括出各个时代的审美意识、审美理想、审美趣味，进而跟美学理论所揭示的美学思想相比照、相印证、相发明，这样才能产生美学史稳定坚实的学术框架。

中国美学史上有一个现象值得注意，即某一美学门类的形态已经产生和出现，而其理论说明或概括却迟迟没有产生和出现，例如陶器、青铜器。因此，对这些审美现象的解读就无法依靠姗姗来迟的美学理论了。同时，一些个体的美学理论和审美实践往往是错位、不同步的。"说的"和"唱的"不同样好听。例如严羽、戴表元、王士禛的诗美学理论何等精彩，但诗的审美创作实践却逊色许多。胡应麟《诗薮》就曾认为："仪卿（严羽）识最高卓，而才不足称。"学识和才情不等称。元代戴表元诗作成就与诗论成就不相称，其"无迹之迹，诗始神"论何等高妙，但所作诗却是佳句多而佳作少。王士禛倡"神韵"论，但诗作"神韵"不足。有些论者用"神韵"论解读王诗，认为体现了"神韵"论的真髓，实在是牛头不对马嘴。审美理论与审美实践之间有对应的，也有错位的，这就进一步提示人们：不可只专注于美学理论，而忽略艺术事实。所谓艺术事实的解读，就是文本的解读。美学史的文本指实物和纸本。由艺术事实的解读切入，探究和把握艺术审美心理和社会心理，进而再由艺术心理和社会心理反观艺术事实及其社会内涵，便成为解读的基本程序。由此，美学理论和艺术事实便构合为美学史的基本框架。

建构中国美学史的学科体系，在确立了基本的研究对象和框架之后，则要建立新的历史观、美学史观。只有真正面对美学史上的现象和事实，才会有切实的新历史观、美学史观出现。例如对元代的总体评价，目前尚停留在所谓"九儒、十丐"的民族政策的解读上，忽视元代文化的发展、变化过程，初期和中、后期由整个民族政策调整所带来的文化上的变化及其对美学领域的影响。从元世祖开始，几代帝王对宋之宗室赵孟頫一以贯之的厚待态度，可以看出这一文化心态的内涵，体现了游牧民族向当时进步的中原文化、农耕文明学习的非保守性和宏大的开放性。仅此一端，就应消解对元代统治集团的传统看法。

就史的历程来讲，还有许多空白点和盲区，需要加以填补，例如金代。金接受了北方中原文化-美学的影响，具有北方文化-美学的特征，在文学审美理想上则得苏轼之法，王若虚、元好问的美学思想便具有这方面的特点。同时又结合北方少数民族的审美传统，重劲健之气。金代美学的其他门类也是如此，例如赵秉文的书法美学思想。金代美学不是软弱无力的，而是有着振奋的功能和效用。金代美学思潮出现复古倾向正是在这样的背景下发生的，文学上向建安风骨回归，宗唐复古，白居易地位得到提升，绘画、书法上师法古意等等。因此，金代美学不是可有可无的，而是有着鲜明的时代特征和丰厚的时代审美内涵。

中国美学史具有研究时段和领域不平衡的特征。先秦、六朝研究得多，汉研究得少；唐研究得多，隋研究得少；宋、明、清研究得多，金、元研究得少，而且没有把元剥离开来，赋予其应有的独立地位。从总时段而言，上古研究要多于中、近古。就一个具体的朝代个案为例，如元代，对一些为人所熟知的作家如关汉卿的文学审美成就研究较多，而对一些产生重要影响的美学家和审美实践成果研究较少；对政治、社会与文化、美学的背景研究较多，对美学的本体和文本研究较少；对汉族文人研究较多，对少数民族文化精英如耶律楚材等一批人研究较少。改变非平衡性，把所有美学史段和现象放置在同一个研究平台上，使之获得同等待遇，这是中国史学的传统态度。只有在平衡状态中才能获得各自公允的评价。

## 第二节　中国美学史的研究观念、内容

在框架、观念、布局问题解决以后，则要回答美学史写什么。大体可概括为：历史复活，现时视界，现象描述，经验揭示。

王国维先生在《最近二三十年中中国新发见之学问》中认为："古来新学问题，大都由于新发见。"他本人就是利用新发现的甲骨卜辞来印证、补正司马迁的《史记·殷本纪》。其《殷卜辞中所见先公先王考》及《续考》，在中国近现代学术史上具有里程碑的意义。他作为中国近现代美学的开山祖师，典范性地体现了论者与学者结合的特征，利用学者的发现来为论述服务，运用现代科学的方法论来验证发现。陈寅恪先生的《〈王静安先生遗书〉序》写道："一曰取地下之实物与纸上之遗文互相释证。……二曰取异族之故书与吾国之旧籍互相补证。……三曰取外来之观念与固有之材料互相参证。"他认为："吾国他日文史考据之学，范围纵广，途径纵多，恐亦无以超出三类之外。"新的发现是学术创新的前提，如上所述，新的发现有地上的、有地下的，或者说实物、纸本。它们会丰富中国美学史的感性形态，会支撑原有的结论，同时也会改变原有的结论。而随着新观念的产生，又会对美学史研究的具体对象，做出新的解读。1993年10月，湖北荆门郭店出土的楚墓竹简，极大地震动了整个考古界、文学界以及美学界。其《性自命出》，对情感的发生演变做了极其明朗和深刻的揭示，所谓"喜斯陶，陶斯奋，奋斯咏，咏斯犹，犹斯舞。舞，喜之终也"，而"愠斯忧，忧斯戚，戚斯叹，叹斯辟，辟斯踊。踊，愠之终也"。虽说先秦有过手之舞之足之蹈之的审美情态的描述，但郭店楚简对喜、愠这一对立情感的审美过程性揭示，在心理学史、美学史上却是具有填补空白意义的。

地下的文物、地上的文献，物态的或纸本的，都是死的。这就需要加以复活，即把史的过去时态所沉积下来的存在现象和事实复活过来，通俗地说，就是把"死人"变成"活人"，把美学理论家和创造了美的实践者，真正当作生机饱满、生气盎然的活人，始终进行活的描述，使美学史成为活史。其实，他们当初提出某一观念、范畴时，他们创造某一审美形态时，总是充满活力的，这才会有旺盛的生命力。通过复活，就会复现那个时代活跃的人物、事件，从而使美学史成为活力的存在，而不是寻求苍白的历史回忆。

所谓现时视界，就是以当下美学史家的主体心态、观念、视阈、方法对待彼时的美学史存在现象。一切历史都是当代史，成为一个普遍认同的命题，其内涵就在于一切历史都是当代人书写的，有着当代人的体认方式和视野，美学史也是如此。现时视界所带来的是美学的现代诠释，这是古、今对话的现代主体存在。每一个具体的治史者都有着他所置身的当代话语色彩和情境，此一时与彼一时不同，因时代文化精神氛围和学术经验不同，在同一个研究主体身上也有前后差异性，要保持同一个基准线，是不可能的。美学史研究应该有现时色彩，应该有当下特色，体现学术的时代印记，并留下进化的轨迹。而对于古典话语的现代转换，无异于缘木求鱼。那将会销蚀古典话语的原有情境，变得不古不今、非驴非马，所以应当是用现时视界观照古典美学，用现时的认识高度体认对象，发掘其原初意义和评判其价值。即不是把对象转换成现时，而是用现时的认知水平去体认对象。

所谓对象描述，美是感性体的现象存在，现象描述有助于历史审美现象的复活，有助于生香活意的历史审美现象的保鲜。美学史不仅要让人们看到历史上的人解说了什么，而且要让人们看到他们创造了什么。

所谓经验揭示，是对美学史的发展历程、经验原因、轨迹线索的理性体认，这是美学史的深度所在。一些史著的最大缺陷就是缺乏史识，识，就是史家主体识见的高度和深度凝结。史著变成历史上曾发生过的现象的堆垛而没有撰述主体的思想，将变得缺少意义。识见，不是价值判断的标志，即不是首先衡量其正确与否，而是考量其所做出的判断是否独抒己见，是否有新识、深见。即使是偏见，也是深刻的偏见，美学史研究需要有深沉的思虑和深邃的智慧。

史应是史象——史的现象与史感——思想深度的结合。现在的史著包括美学史著最需要加强的就是历史感，而它是以思想深度为内核的。王国维的宋元戏曲史研究，陈寅恪传以代史的研究，无不闪烁着史识、史感的光芒。在陈寅恪的柳如是研究中有着多么深隽而潜隐，不为人所易察而又不便明言的感受啊！这才是陈寅恪真正的史学真谛。

史识、史感是对历史事变、事实、事件、人物、思潮等，经过评判、评说所得出的理性结论，在这一点上，20世纪杰出的史学大师是人们效法的榜样。他们那些精彩的卓识，常常令人"拍案惊奇"。

然而，进入21世纪，网络时代的到来，又为历史及其美学史研究带来新的变革，因此，中国美学史的学科体系建设需要适应和依循这一变化了的时代新境。例如，电脑的普及，使得曾经以人工检索资料宏富博多而自炫或他炫的研究方法黯然失色。一个点击，所需资料便顷刻显现出来，可以随意使用。然而，电脑产生不出思想。依靠电脑，只能产生美学史资料长编，产生不了美学史。就美学史而言，美学史研究应该是思想家的美学史研究。

真正的史感是当时性显示和历时性展示的构合，这便是通常所说的共时与历时的结合。人们对前者较为重视，对后者往往忽视。就当时呈示而言，被误解为展览馆，陈列得多，解读得少。应当扣合各个时代的审美特点，在区别而又具体确定的状态中加以研究，具体表现为以下几点。

**每个时代有属于自己这个时代的审美形态**。诗在唐、词在宋、曲在元，体现了到达顶峰，难乎为继，转而寻找另一种形式，铸合新一类审美形态的要求，因此也就出现了诗衰词兴、词衰曲兴的演变情形。又如绘画美学上，唐代仕女、五代山水、宋代花鸟、元代牧马，每个时代这些互不混淆的审美形态，成为各个时代的审美"地标"，从而据此来解读其美学性质、特征，发掘其审美质素。

**每个时代有属于自己这个时代的审美标准、审美理想**。书法美学上，有所谓的晋人尚韵、唐人尚法、宋人尚意、明人尚态。这些不同点，有其内在的构合因素和特点，具有审美的时代色彩。就某一个体而言，审美理想也各有差别，如李白与杜甫。每个时代的审美形态、审美标准、审美理想都有其形成的条件。其一，社会文化因素。六朝文学的自觉跟哲学的觉醒，跟崇文的社会风气、广泛的社交社团活动、独特的文学教育有着密切的关系，正如《南史·王承传》所说，"时膏腴贵游，咸以文学为尚"。宋代美学的繁荣跟宋代的佑文政策，宋代帝王、宗室尚文相关。其二，美学史与思想史的关系。不同时代的思想、文化精神不同，所孕育的美学精神也不同，例如六朝玄学与美学，隋唐佛学与美学，宋元理学与美学。其三，社会、历史变动对审美变化的影响作用。这又取决于历史变动的内涵是什么，其容量有多大，程度有多深。两宋更迭，宋元易代，明清换朝，给人们的社会心态和审美心态的撞击是巨大的，从而影响其审美性质、特征、形态和质素。

上述这一切又都凝结于审美主体。任何审美现象都是由审美主体（个体、群体）创造出来的，因此对审美主体的研究就是一个切入点，而审美主体心理又是其核心所在。心理及其结构比例的不同就出现不同的审美兴趣，这是形成千姿百态审美现象的主体因素。因此，就需研究其心理现象，描述其心理走向，概括不同时代的审美心理及其特征表现，例如魏晋的名士心理、唐人的游侠心理、宋人的闲适心理、明人的赏玩心理。这样，便找到了它们之间通道的联结方式和转换过程。这个方式转换的最终结果是审美心态。这就实现了有描述、有说明、有现象、有原因的现时性解读目标，更主要的是保证了这种现时性解读的动态性质。独立地拈出某一个范畴，加以图解、说明，似乎颇有道理，但只能是讲义的性质，而不是美学史的性质。所谓史在根本状态上是动态的就是这个意思。徒然做范畴解释，就会把本来是动态的美学史变成静止的和僵死的。于是，这种解读就成了解构和消解。其实，某一个范畴的产生和形成，都有特定的思想文化背景和原因，都有具体的内蕴，都有具体的演化过程。这样，解读审美范畴就从根本上避免了孤立静止的名词解释现象，真正实现了依照历史自身的方式加以呈现的目标。这一切都要求回到文本——实物、纸本，从而接近历史，走进历史。

在历时性的解读中，首先要明确历时性的地位，它更具有史的本体性意义，因为史是一种进程。还要明确它的两种发展方式：承续与变异，或同化与异化。对于承续、同化，人们说得多；对于变异、异化，人们说得少。然而，两者的结合才是历史延续图像的完整展示和正确描述。

审美意识从产生到发展，构合为审美意识史；审美范畴从萌发到衍化，则构合为审美范畴史。它们最终体现为审美观念、形态、趣味、风习等的影响，影响是前结构的沉淀和累积，这便是同化的体现。同化作为承续的重要体现，是美学史线索的重要表征，人们由此而常常去说历史是怎样发展的。例如北宋所初创、南宋所形成的园林叠山之法，风靡于元、明、清三代；再如元代美学对明、清美学的影响。元四家是山水画史上的一变，极大地影响了明、清文人画的审美趣味，明代吴门画派所延续的正是赵孟𫖯的画风。元代书画结合对明、清文人画的作用，文采与音律的矛盾性争论对明代汤、沈之争的影响，元人的生活、审美态度对明、清赏玩生活、审美态度的影响，都有具体的实证性的文本和线索。

然而，另一面则有异化，即改变原有的审美观念、范畴、形态、理想等等，它使美学史的发展呈现复杂状态，不是直线式，而是曲线式的。这是特别需要研究者所注意的。文学史演变的描述聚合点往往是复古与革新，雅俗之争，文体演变，而美学史所着眼的是审美理想、思潮、意识、范畴、形态。例如从"诗言志"到"诗缘情"。例如六朝之于汉是变汉，改变汉的粗犷而至于精约——从汉大赋到六朝小赋，从汉上林苑到六朝的别墅园。隋、唐之于六朝，清算六朝绮靡美学之风。宋代之于唐代，在审美格调上改变唐之博大开阔、沉雄旷放，出现宁静自适、淡泊萧散。经过明末清初民族主义、爱国主义思潮的激荡与沉寂，热血士子们黍离之思和怫郁情绪的倾露与消歇，整个社会思潮完全不同于明代中后期，美学思潮也随之发生变化，清初的美学思潮便是对明代心学的清算。这些都是异化现象的表征。同化和异化体现了历史曲折发展的演进现象，是历时性的美的历程的本体解读。异化最终体现为心理、心态、心性的变异，这种体认就真正落实了美学史是心态史的命题。曲线改变，是相对于直线延续而言的，构合为美学史发展的图式，它使得美学史的发展显得丰富、多样、复杂。同时，何以会出现曲线形式？必然是为多种社会、文化、美学条件所赋予，促使直线发展改道，由此伸展开来的研究又将是广阔而有意义的领域。

然而，异化不是直接完成，需要有中介，初、盛唐的中介是张说，盛、中唐的中介是杜甫。由唐入宋经过了王禹偁、欧阳修等人的反拨性中介，唐音才真正转变为宋调。元初北方书风延续的是所谓宋四家和金代赵秉文之书法，赵孟頫入元后，提出"专以古人为法"的审美主张，倡导晋风、王书，纠正四家之体，他是这一书法美学史曲线发展的中介人物。

所以，同化—中介—异化，才是历时性演进的完整结构。这样，社会史、思想史便凝定为心态史，进而凝定为美学史。

在基本的研究方法上，材料与思想、描述与评价、史实与史论、判断与感悟、思辨与体验、个案分析与整体把握、实地考察与资料阐释相结合，它体现了史的本体机制，美学的根本特征，研究主体素质发挥的综合要求。所以，研究方法必须顾及对象与主体、体制与话语。

所谓史的本体机制就是史实与史论的结合，实地考察与资料占有，也就是地下与地上、文物与文献的结合。实地考察的方法甚为重要，俗语所谓百闻不如一见，实际上包含深刻的视觉感受原理，只有置身原地，只有亲见到原物如青铜器、汉画像，才能获得原初性感受，其体认的深切程度会更为不同。不见青铜器，则不知狰狞的威压式的美；不见汉画像，则不知奇异的想象性的美。中国美学史资料存在着两大特点：一是资源交叉。在学科归类上，也可以看出来。中国社会科学院哲学研究所、文学研究所均有美学研究室，中国艺术研究院也进行美学的专门研究。时至今日，大学教师中研究和讲授美学的，或在中文系，或在哲学系；全国哲学社会科学规划课题中，哲学中有美学，文学中则有文艺美学。中国文化属于浑融性、综合性文化，文、史、哲、美互融互渗，互有交叉，彼此相错，没有纯粹的专一性的美学史资料现成地提供给研究者。这就需要遍访四库全书、典藏遗籍、方志地书、稗史谱牒等，加以采集、分解、过滤、沉淀，占有第一手资料，形成标准型美学史专门资料。对于那些中国美学史资料选编、类编等资料书籍，有利用价值，但须掌握和寻索原来的文本，因为只有把选文置于原文的语境之中，才能真正把握选文的意思，甚或改变对选文的原初体认。二是存在形式多样。中国美学史资料不像西方资料专业性质强，它广泛地存在于各门各类的"话""品""诀"中，有所谓诗话、词话，诗品、画品，书诀、文诀；有序，如欧阳修《梅圣俞诗集序》等；有跋，如苏轼《跋蔡君谟书》等；有谈话，如《论语》等；有通信，如苏辙《上枢密韩太尉书》等；有评点，如金圣叹评点《西厢记》等；有专著，如计成《园冶》等；有论文，如徐上瀛《溪山琴况》等。或以单独的形式出现，或存录于其他著作中，这就对文献学的研究提出了进一步的要求。中国传统的四种研究基型：知人论世、附辞会意、品藻流别、明体辨法便成为其基本方法。

陆游《谢王子林判院惠诗编》说："文章有定价，议论有至公。"《喜杨廷秀秘监再入馆》："文章实公器，当与天下共。"这是对"文章"的社会地位和使命价值的准确判定。道德人格与美学人格的统一、融合，是中国美学之生命所在。在这个意义上，中国美学是生命美学。因此，需从生命美学的角度解读中国美学的生命意识、生命情调。这样，才能保持中国美学所固有的生命形态。李白是一种生命情调，李贺则呈现另一种生命情调，而明代徐渭的生命情调又更为不同。于是，生命美学便成为中国美学的重要领域。

中国美学是从艺术欣赏的角度去感受、体验、体认对象的。欣赏者在"拈花含笑"的审美愉悦中获得会心满足的领略。其特点大致有：

**一是接受主体的心理经验介入。**金圣叹在评点《水浒传》"梁山泊好汉劫法场"一回中说："吾尝言读书之乐，第一莫乐于替人担忧。"又在第三十六回宋江浔阳江遇险评点中具体说:"一篇真是脱一虎机,踏一虎机,令人一头读,一头吓,不惟读亦读不及,虽吓亦吓不及也。"这里包含审美接受的心理参与和所获得的影响方式。

**二是接受心理的顿悟形式。**宋代吴可《藏海诗话》云,自己早年读诗,对"多谢喧喧雀,时来破寂寥",不解其意,"一日于竹亭中坐,忽有群雀飞鸣而下,顿悟前语,自尔看诗,无不通者"。心里火花突然爆亮,亦即"顿悟",直逼诗的意象核心。

**三是设身处地的体验方式。**王夫之《薑斋诗话》说:"'亲朋无一字,老病有孤舟',……尝试设身作杜陵,凭轩远望观,则心目中二语居然出现。"叶燮《原诗》解读杜甫《玄元皇帝庙作》中的"碧瓦初寒外"说:"设身而处当时之境,会觉此五字之情景,恍如天造地设。"

上述三点,形成批评和创作的同构对应,由此也就确定了中国美学史研究方法的一个重要内容——直觉。直觉思维从主体对于客体表象特征的体察开始,进入对本体的领略、体悟,这一思维线索可以概括为形下的直观到形上的体悟。这是中国美学史研究中重要的方法论之一。

用中国美学史的思维方式体认美学史,对研究主体提出了审美的诗性体验要求。美学家的美学史研究尚不同于纯学者化的研究,应有审美体验的能力和审美经验的基础。如果说陈寅恪所做的是诗的史学研究,闻一多所做的就是诗的美学研究,他的《唐诗杂论》是何等的美,体验是何等的深啊!朱光潜《谈静》说:"世间天才之所以为天才,固然由于具有伟大的创造力,而他的感受力也分外比一般人强烈。比如诗人和美术家,你见不到的东西他能见到,你闻不到的东西他能闻到。麻木不仁的人就不然,你就是请伯牙向他弹琴,他也只联想到棉匠弹棉花。感受也可以说是'领略',不过领略只是感受的一方面。世界上最快活的人不仅是最活动的人,也是最能领略的人。所谓领略,就是能在生活中寻出趣味。好比喝茶,渴汉只管满口吞咽,会喝茶的人却一口一口地细啜,能领略其中风味。"对于美学史上的理论存在,所用的是解读;而对于所创造的美的形态,则需要领略,领略美的现象、精神、意味,领略审美主体的心理、经验、趣味。领略是审美创作的经验现象和思维方式,因此,就需要用这样的经验方式和思维方式来对待自身的研究对象。不应把研究一词过于理性化和理念化,研究过程中也有着感性因素的渗入。因为美就是感性的存在,如果采用纯理性的方式和方法,岂不是消解了美吗？既然美学史研究的对象是美的存在，那就应当发挥研究主体的审美体验能力，体验对象的心态、心境、心情，感同身受。这就不是外在地而是内在地体认对象，形成彼此的对话和交流。这样才能进入审美对象的奥区，获得最为真切的把握。

由上所述，美学史著的文本话语自然应当是缤纷多姿的，因为对象是美的。把美学还给美吧！心如枯井的撰述心态，笔如枯木的撰述文字，跟美学史是绝缘的。美学史应当有描述，这种描述应当洋溢诗性的美和美的诗性。无论如何，美学史研究应当具有和体现个人的学术风采，要有个人独特的体认、领略、把握、感受，甚至是属于其个人的话语。这样，体认方式、框架构造、话语系统等，就会形成不可替代的个人特征，即使匿名，也能判断出作者是谁。也正是在这里才能产生学术名家、大家和大师，否则，只能产生"课题组负责人"。

话语表述方面，美学史著的字里行间分明有春意盎然，或秋气凝霜，是一种富于感受性的叙述。"把美学还给美"，就话语文字而言，即指其温度。因此，诗性精神与书写方式也就实现了互动。美学史不是知识点的介绍，也不是对历史事实发生的现时陈列，它应当进行主体的诗性体验。它作为一种体验方式，最符合美学的本体特点。与此同时，诗性体验又应当借助于诗化话语加以表述。因此，个人话语中美的文采、文笔，诗化的文辞、风格是不可或缺的，从而形成诗性体验与诗性话语的圆融化合，构合为一种书写方式。就研究和书写主体的当代美学家而言，应当有宗白华的诗性体验，朱光潜的艺术感悟，李泽厚的思想睿智。这样，美学史切入诗学，出入哲学，融入史学，就能臻于研究和书写方式的高端境界：具有诗性、哲思、史感。

创新是学术的生命和动力。《南齐书·文学传论》响亮地说："若无新变，不能代雄。"美学史研究应以创新为目标，包含对象、体例、方法、手段等方面。这些还需要与学术规范、学术作风相联结，才能获得最终的成功。学术研究上，治史似乎是高峰阶段、高端境界。人们惋惜陈寅恪先生未写史著，辩解者称陈先生是以传代史。史所面临的对象又是极为纷繁复杂的，有些问题是难以绕道或不可回避的。这便对美学史研究主体提出了学术规范、学术作风的特别要求。先辈提出"十年磨一剑"的要求，现如今一些人却是"一年磨十剑"。学术的浅俗和轻薄是一种致命病，它会销蚀和泯灭学术生命和存在，使其变得粗俗不经。学术有其固有的品位和格调，提升学术的层次，才是学术应有之方向。美学史是学术的"交响乐"，而不是"卡拉OK"。经过20世纪晚期的学术浮躁后，新世纪应当回归沉稳。沉稳的时代应当消解一切领域的泡沫，这无疑给美学史的学科体系建设提供了良好的精神氛围。在这样的文化生态和精神氛围中，其前景又无疑是美好的。

# 第二章 建构中国美学史学科体系

## 第一节 以人为本位的美学史基点

我们所确立的理论命题是人学—美学，历史命题是心态史—美学史。人是美和审美的主体，是美的创造者，从这一基本的论述支点出发，理所当然地应确立以人为本位的美学史基点。以人为本不是履历表似的填写生卒年月、个人简介等事项，形成人生经历与其美学思想的脱节，因此应打破传统的书写方式。应当把对象的人生经历融解到所创造的审美现象中，解读对象的人生经历是如何影响自身的审美心态和历程的，这样，人生经历的变化遂与审美风貌的变化糅合于一体。黄庭坚就曾在《与王复观书》中卓越地看到人生经历对审美的影响，他说："杜子美到夔州后诗，韩退之自潮州还朝后文章，皆不烦绳削而自合。"在宋代则有苏轼为显例：黄州之贬，岭南之谪，时间之长竟达十余年，处境之厄形同发配充军。政治砺石磨平了他思想的锋芒、棱角，剥落盛气，归于佛气，成为社会环境、经历影响社会心态、审美心态的典型人物。

以人为本就是扣合主体人的心态进行分析，呈现出缤纷多姿的心态色彩。具体而言：发掘独特的心理表现，探入其奥区。李清照在词中以几于诅咒的口吻说"种种恼人天气"，实际上包含着女性的春情，体现了她对情感的饥渴、对性的饥渴，这是人性的颤动，心灵的苦闷。李清照在词里实际上以委婉曲折的形式表达了内心隐晦的世界和情感渴望，这才出现了一个真实的李清照。《蝶恋花》说，"酒意诗情谁与共"，是一种向往，在酒意中涌发出诗情，也激发出内在的需求。进行这种心理探索，是探求心灵的奥域，是为了在研究中维护一个真实生命的心灵，这包括以下几个方面：

**把握对象心理特点**。秦观的身世慨叹和艳遇之情的结合，典型的南方多情才子的气质，分外缠绵悱恻；而陆游之于唐婉，正如焦仲卿之于刘兰芝，陆游的豪放之内隐藏着软弱；他如王安石的倔拗、苏东坡的旷逸、黄庭坚的峭拔、辛弃疾奔放中的苦闷、范成大雍容中的舒展……出现了多彩多姿的心态世界。在这个心态世界里，一方面爱国精神、民族情绪高昂，忧患意识深重，另一方面则是禅悦情趣、名士精神盎然；一方面道貌岸然、讲经说法，另一方面则是红巾翠袖、诗酒风流；一方面向往平淡境界，另一方面则充塞富贵气象。这个心态世界充满了矛盾、冲撞和失衡，揭示和描述它们的内涵和色彩将是美学史上很有趣味的事情。而心态是审美的依据，当它们外化为审美形态，就是五光十色的。

**重视心态的时代因素**。时代的社会历史因素规范了心态的时代特点。把握具体时代的人的活动、心理、兴趣以至嗜好的背景，才能解读具体个体的心态内容及其特点。宋代鼓励蓄养"歌儿舞女"，遂孕育出享乐心态；宋人尚冶游，遂致心态放逸；只有到休闲化的时段才会有休闲的心态，也才会有休闲心态的审美载体——范成大的田园诗；宋人重名节，于是特别重视人格审美范本，黄庭坚是其代表。他在《再用前韵赠子勉》中对审美个体的人格规范提出这样的要求："行要争光日月"，才能在审美中"弦歌"传诵。他在《跋子瞻送二侄归眉诗》中把苏轼、苏辙称为"成都两石笋"；在《跋王荆公禅简》中说："余尝熟观其（王安石）风度，真视富贵如浮云，不溺于财利酒色，一世之伟人也。"宋人是崇拜偶像的，王安石是推许杜甫第一人，黄庭坚崇陶尚杜，苏轼崇尚陶潜。宋人又富于怀疑精神，体现了宋人思维的证伪性、存疑性和独异性。这种怀疑精神诚然有具体的形下的对既成结论的否定，诸如王安石对《史记·孟尝君传》和苏洵《六国论》对已成定论的否定，然而更有价值和深度的是对宇宙本体论的形上质疑。辛弃疾《木兰花慢……因用〈天问〉体赋》，用"九问"，一问到底，贯通而下，充满着对天地宇宙的兴趣、疑问，包含着极强的探究欲。这是哲学范畴，哲学的思虑是怀疑性思虑；又是美学范畴，体现了对天地宇宙的终极关怀和美的想象。

**探求心态的思想根因**。黄庭坚诗中常有翻案之语，与众不同，追究其根源，乃是来自禅宗的思维。禅宗的机巧和智慧在于逆向思维，例如禅秀以树、镜喻心境，六祖慧能则完全否定，说道："菩提本无树，明镜亦非台。本来无一物，何以惹尘埃？"做本体性否认。黄庭坚借得此法，在《池口风雨留三日》中以"翁从旁舍来收网，我适临渊不羡鱼"颠覆"临渊羡鱼"的成语，在审美上给人以惊异感。

**描述心态的演化线索**。心态体现了变迁，心路刻画了历程，心态的走向与过程，具备了审美心理史的意义。杨万里的《〈南海集〉序》说道："予好为诗，初好之，既而厌之。绍兴壬午，予诗始变，予乃喜，既而又厌之。至乾道庚寅，诗又变。淳熙丁酉，诗又变。"真个是时时新，时时变，时喜时厌，喜新厌旧，保持了审美的进取态度和新鲜性质。

## 第二节　美学史框架的具体建构

感性作品中所自然流露出的美学思想，实际上具有理论宣言性质，保持了美学的鲜活性质，从而建构起新型的美学史语系统和结构形式。大体上说，既采撷、解说某一美学家的美学理论，又解读其作为创作家的审美实践成果。在解读文本中揭示其美学思想，形成二者的互印互证，共同说明一个主题。例如朱熹的美学思想：其"文集""语类"中有大量甚至不断重复的论说，既重视这部分的思想资源，看其是怎么说的；又从他所创作的大量诗文作品中去寻觅，看其是怎么做的，总结出他留连山水的自然美学观，从而发现了他纯美学观的成分。这一点对于全面、整体把握朱熹，非常要紧，因为有了它，才纠正了从单纯的理论形态出发将其仅仅定位为理学美学家的偏颇。

在具体研究过程中，应从三个方面切入，进而达到三项整合。

**从艺术事实的具体形态切入**。其立论依据，已如前述，具体运用的方式则是从艺术事实的切入中描述出并进而逻辑地引申出、概括出某一个体、群体、时段的审美理想、审美趣尚，从而出现艺术事实与美学思想的整合。由此便能以审美特征、思潮、精神为中心，进而划分不同的美学史时段，展现出美学史的发展脉络和历程。例如把北宋的美学史历程划分为唐韵浸染期、宋调形成期、宋调成熟期。据此所形成的美学史阶段学，不仅依据北、南宋的自然分期，而且突出了转折期的美学史意义和地位，例如南宋初期美学思潮的重大转折。

**从社会历史的背景切入**。既坚持美学的独立畛域，又不脱离美学发生、发展的社会历史背景、条件、因素，保持美学的具体时空性，也就是说运用了社会他律与美学自律相结合的方式。它虽然具有矛盾性质，但内含着动力和对美学史发展规律的动力的体认，从而出现论述的张力。这种切入又是在分析社会历史势态，寻找出最切当的"点"的基础上进行的，即不是泛时代的——每个时代都采取"一顶帽子通用"的模式。就宋代而言，一是社会变革的状态，一是民族之间的战争。宋代处于社会重大变革时期，庆历新政、熙宁变法相继出现，就是证明。都市繁华走向世俗化，市民文艺便得到孕育，人们几乎可以从宋代寻找到所有的通俗性审美意识和审美形式。对这方面的考察，还须充分发现其新的成长点及其对文化和美学的作用。北宋毕昇发明活字印刷术是印刷史上的一次重大革命，沈括《梦溪笔谈》就有详尽介绍，它是在传统的例如唐代整版雕刻印刷基础上的一次飞跃和突进。苏轼《李氏山房藏书记》中曾有记述："余犹及见老儒先生，自言其少时，欲求《史记》《汉书》而不可得。幸而得之，皆手自书，日夜诵读，惟恐不及。近岁市人，转相摹刻诸子百家之书，日传万纸。学者之于书，多且易致如此。其文词学术，当倍蓰于昔人，而后生科举之士，皆束书不观，游谈无根。"从社会历史背景切入，还须加以细化和深化，不能仅限于经济、社会因素，还应包括政治文化。如果没有北宋末期政治文化的解禁，也就无法形成新的历史语境。靖康元年，宋钦宗进行重大的政策调整，解除元祐党禁包括学术之禁，于是苏轼便风靡一时，成为士人们公开效法的榜样，苏轼词风便大盛于建炎。两宋绵延不断的民族战争，靖康之难，北宋灭亡，宗室南渡，以及蒙元入侵，宋朝覆没——民族主义、爱国主义热情的鼓荡和消歇，带来了美学思潮的更迭与变化，从而产生社会历史事变与美学思潮的整合。这种整合有着重要的意义，这是寻求美学史发展的动态机制，可以避免把美学史滤化为纯净水。高度评价宋末的美学史地位，其着眼点不是纯美学，而是社会历史美学。宋末因为真正的国破家亡，激荡起又一次爱国精神和民族情感的浪潮，焕发出又一次绚丽的亮光。在美学史上，它不是以静穆平和的状态体现出来，也不是以圆熟精纯的形式表达出来，在纯审美艺术层面，或有不及，然而审美主体本身在囹圄之内或押解途中，没有此种环境和心境去精雕细琢，便略显粗糙，反倒是审美真实性品格的表征。他们以巨大的人格力量和亮丽的人格精神支撑着审美的世界并照耀着这片天地。他们的审美品格正是在审美的原初和本位意义上取得的。在这个层面上,他们的审美广为人们所接受,得以沿传。

从社会历史背景上解读审美现象,是一种切入方式,而从审美现象上又可以反转过来阐解社会意识,从而构合为双向流程。例如南宋画士纷纷临摹《清明上河图》,以表故国之思,就存在一种社会情绪。李公麟《临韦偃牧放图》,借以焕激宋代的时代精神;他另有《郭子仪单骑见回纥图》,借唐人精神以激励宋人。从柳词中看到了宋代的汴梁繁华,足可与《宋史》《东京梦华录》相并列;他著名的《望海潮》写"钱塘自古繁华",据说引得金主完颜亮萌发投鞭渡江之志,足以看出审美中的社会因素。有所谓文与史互证,则有词与史互证——社会史与审美史的互证。

**从文化学的规律切入**。这不是一般意义上的、颇具时尚性的文化学的美学和美学史研究,而仍然是从历代的具体特征出发所进行的切入性研究。宋代是一个比其他时代更具有文化味和书卷气的社会,理所当然地要进行这种文化学与审美学的整合,产生互涵互摄的学术格局。支撑宋代文化学的有两大支柱:一是史学,一是理学,便成为导进美学的切入点。宋代史学的两种精神——淑世精神、忧患意识便成为与美学勾连的通道。理学与美学,是宋代美学史最需要回答的问题,犹如六朝玄学与美学、唐代佛学与美学一样。这项整合性研究又是从"本体论""主体论""范畴论"着手的,尤其要对"涵泳"这一新的理学—美学范畴进行细致剖析,看其如何从理学引入美学,它的具体审美含义、意义及其对后期中国美学史的影响等,这样就深入而非浮泛、具体而不抽象地产生了理学—美学在形态学和范畴学上的建构。

## 第三节　美学史地位的实际定位

存在于美学史长河中的每一个现象(无论以何种状态和规模出现)都存在着史的地位问题,也就涉及对其加以定位的问题。事实上每一种类别史都要讲这个问题,不讲或少讲史的地位,对于史著来说是不完全的,会使得史著缺少深度和史感。史的地位定位主要看其提供了哪些新的创获,自身做出了哪些贡献,对后代发挥了哪些影响。史的地位的确定,是高屋建瓴的俯瞰,却应该在微观解读的基础上进行,找出其中的精神亮点;对某一现象、现象丛体，或断代史的某一美学门类等，都应该置身于中国美学史的长河中考察。说到底还是一个"通"字，"通"不是简单的写法问题，更重要的是视域问题，史卷宏通，视域宏放。在通史中看断代，宋代美学史郁郁乎文哉的特征及其与别代所不同的美学史地位便凸现出来。

就某一理论成就而言，宋代山水绘画美学理论虽然博大精深，在总体思路上仍是中国美学理论的传统格局。尽管门类不同，但在深层次的美学底蕴上跟文学美学的南朝刘勰《文心雕龙》是一致的。这就可以看出，宋代的绘画美学论仍未脱离中国美学论的总体框架。这也就形成了它的定位。在断代与断代之间看本代，互相观照中才会看得更准确、更清楚。我们把唐与宋的差异看成是水系的差异。唐诗是一条河，流至宋代打了个漩涡，宋代诗人在旋转、迂回的水程中寻到了诗的审美积淀，江西诗派所做的基本上是这一工作，黄庭坚则成为其代表。从这个积淀层中他们获得了审美的养分，转而又产生了一个新的生长点，于是便又改变水道，并且冲刷河道，形成独立的一大水系，留给后代的便有这唐宋两条水系之争。唐与宋的美学差异几乎体现在所有领域，书法美学上唐尚法，宋尚意；唐诗是经验世界的心灵化，宋诗则是对象世界的人文化；等等。唐、宋美学差异是文化差异，宋的舞蹈缺少唐的气派，这跟宋的整个文化精神、社会气象相联系。这种差异还取决于生活方式的不同。两宋均存在着歌妓文化现象，它跟唐有所不同，在唐的性质是才子、新科进士与妓女的情爱活动，在宋代则是与歌妓的接触、交流中所形成的文化、审美活动，其典型代表是柳永，他为歌妓写曲辞，通过歌妓传播出去。这一现象的出现，极大地规范了宋代乐舞文化的审美性质。

考量所提供的新因素要看原创性的成就。例如宋的素瓷，造型洗练，釉质莹润，透发出宋人的审美风调。欧阳修的以文为赋，苏轼的以诗为词，辛弃疾的以文为词，都是新的审美发展，也是新的生长点。绘画美学上，郭熙的三远论，苏轼的身与物化论，董迪的以牛观牛论等，都是宋代新论。宋话本通俗化的审美特征，戏曲的讽刺喜剧的审美特质，等等，都是创新性的成就。

根据不同人物在美学史上所提供的资源、所做出的贡献，以确定其不同的地位。不是简单地陈述他们做了些什么，而是考量其所发挥的历史（美学史）作用，进而确定不同的人物类别。大致有这样几种：第一，开风气之先的人物。刘辰翁的小说评点，尽管没有后来者那样辗转生发、淋漓尽致，但所起的却是先河、先声作用,由此,小说评点便成为中国小说美学的重要形式和方式。欧阳修词开士大夫词风之先,范仲淹开边塞词风,不能因为词的数量少,就不给予足够的估价。范仲淹还是议论入词的原创者。柳永词开辟了通俗化的词审美方向。第二,领军人物,或曰代表人物。建炎南渡的事变改变了人们对词的文学审美功能的体认,由言情转为言志,表达自己的意志和愿望,而这成为全社会的一致意志和愿望。岳飞作为军人,所写的是英雄词,在美学上可称为角色之词,他即英雄词人。在这条联系南宋词史的线索中,岳飞是最初的呐喊者、先行者。第三,中介人物。确定中介期、中介人物是对美学史的一种叙述性策略。所谓中介人物,就是经过他们的中介作用,改变了旧有的美学状况,引发出新的美学状貌。过去的美学史不能直接进入新的美学史,须通过这些人物联通。在宋代,贺铸是英雄主义词的中介人物,他不是开风气之先,也不是领军的,他在苏辛词风中起到过渡性的作用。晏幾道词是晏殊、欧阳修词美学的延续,又是变异,是孕育柳永、苏轼词的中介,没有这个中介就不会有新的飞跃。在中介人物中有的起到转折作用,例如词美学中的姜夔,书法美学中的蔡襄;又有传承人物,例如宋四名臣。从总体上对某一人物的定位要综合考量、恰当把握,例如对秦观词美学史地位的确认。传承和变异是对美学史演变图式的总确定,而在揭示美学史传承与变异的过程中,又要避免把朝代更迭与美学史的时代转换混为一谈。朝代更迭是政权转换,属于政治学范畴,美学不会像政权更迭一样变化迅速和直接,它有相对延伸期和惯性运动期。宋初受到晚唐美学很深影响,产生了一个超越朝代更迭的美学史阶段。从本质上说晚唐和宋初属于同一个美学史区间,这是以西昆体、晚唐体、白体诗为标志的。在此基础上,在发现新的时代审美因素之后,考察新旧更替的过程。宋受晚唐影响,只是一段时间而已,新的审美因素在旧的机体上潜生暗长,到一定时期,自身条件孕育成熟,便会起而清算前代美学史的弊端,建立自己时代的美学。于是,便有王禹偁的另立旗帜、柳开对五代的矫正、穆修的反骈、石介痛斥西昆体,可以说是出现了全面清算晚唐五代美学的态势,这段新旧交替的过程、内容十分丰富,色彩也十分绚丽,是宋代美学史上的一个重要看点,它进而为后来那场声势浩壮的诗文革新运动鸣响了前奏曲。宋代绘画美学的发展历程经历了摆脱五代绘画传习,走向独立成体、蔚为大观的阶段。熙宁、元丰年间是宋代绘画美学的重要时期,这是改变五代遗绪,形成宋风的重要时期,它是以花鸟画家崔白、山水画家郭熙的出现为标志的。西昆体曾在宋初走红,石介的批判,使其受到重创。而黄庭坚的诗美学主张以及瘦硬挺拔、奇峭古朴、沉雄高绝的审美风格的建立,洗尽铅华,剥落香奁,就把西昆体彻底淘汰出局,正如严羽《沧浪诗话·诗辨》所说,"唐人之风变矣"。这个过程的展示才是我们所体认的本体性美学史,而美学史地位的确认又是通过某一存在现象加以凝定。为什么会有黄庭坚的风格?是美学史的一种需要。黄庭坚是宋诗的总代表,其论是宋代诗美学的总宣言,他的诗是彻底的宋诗,苏诗还不完全是,尚有唐韵。

美学史不是现象的陈列,而是解读;不是材料的堆砌,而是发现。其演变轨迹有线索可寻,可加以描绘和叙述。宋代美学中最具有文体美学标志的是词。诗庄词媚,是最原初定论,但在宋代,它的性质、功能经过了重大变革,由此引发了理论主张和创作形态的重大变化和争议。经过北、南宋交替时期的巨变,词演变为英雄词,到南宋,词的审美功能变为对重大时势事变的传载。李清照《词论》实际上是对这种审美趋向的纠正和反拨。梦窗词和白石词的出现,又体现了词的新变和发展,直接联结了清真词。这样,经过爱国主义精神的激荡后,词又恢复到原有的审美基点上。这可以看出词的审美本体力量的强韧、基核的坚硬,也揭示了词的审美发展历程,从而铺设了词在南宋的美学史轨迹。它提示着人们,婉约始终是宋词美学史的主流,然而在时局变动中豪放、婉约又会时起时落。历史语境规范了审美话语,于是,出现抗战文艺,抗战、图存压倒了一切,在审美上内容压倒了形式、思想压倒了艺术。随着抗战文艺的萎缩,原先的淡淳幽雅话语复又抬头。宋词是一个与时势联系密切的文学审美种类。

美学史是时代存在的美的发现史和诠释史。所谓发现,不仅指资料,而且指审美理想和审美形态。宋代最重要的审美理想是淡,审美意识是韵。绘画美学上,唐代朱景玄提出神、妙、能、逸四画品,逸品居后,但到宋代翻了个儿,逸品居首,而且被重视到无以复加的地步,"莫可楷模"。在审美形态上,宋代出现文人词、文人画、文人园,最能体现宋代美学精神,进而出现的三项结合——诗画一体、词园相合、书画同源,也就最能代表宋代美学特点(进一步延续到了元代),从而也最具有美学史地位。

## 第四节　美学史的话语系统

美学史书写程序大致是：社会历史背景的描述与勾画，为美学史的形成和发展寻找依据，进行历史和美学的整合→从个体切入，形成个体解读的底色→文体美学→门类美学→群体美学（流派）→思潮→区段、时期美学→时代美学，对时代美学的特征、理想、地位加以定位，对其在美学史的影响进行揭示。在这个过程中尤要进行个体与时代的关系处理和互构活动的叙述。从个体出发到把握住整个时代的审美理想、精神（这是由无数个体所创造和构成的），然后反转来以时代审美理想、精神为屏幕透视每一个具体的个体。这里又要突出的是个体与思潮的关系。不通过具体而微的分析就无法彰显、凸现出思潮的特征，因为思潮的最终落脚点和体现者是个体。例如对姜夔和姜派词人的美学史地位的分析。美学思潮是一个重大课题。宋代是一个思潮特征特别显著的美学史时代，有的还形成了"运动"，如诗文革新运动。思潮形成有外界因素例如民族战争，内部因素例如变法变革，自身因素例如诗歌变革。对思潮，可以进行具体的共时性研究，而进行思潮更迭的研究，则是历时性研究，更具有史的发展意义和价值。从思潮的视阈考察，是最富于史感深度的。杨万里的文学审美体现了宋代文学审美思潮的又一个重大变化。求"活法"在审美方向和趣味上改变了江西诗法，使其走向轻松、活泼、机趣，带有自然和生活对象本身的鲜活性质。"诚斋体"的诗歌审美，影响了此后的江湖派，具备了美学史的思潮演变地位。李清照、陈师道的本色论，均反映了宋代美学思潮的变动特点。特别要注目于思潮的波荡变化，寻绎出变化的线索。江西诗派摆脱晚唐诗派，而到南宋后期以杨万里为代表的诗人则否定又否定，摆脱江西回归晚唐，很有色彩，也很有史感。

美学史撰述还应当与教科书的美学理论知识相沟通，进而实现整合。教科书的美学理论的形成来自审美的具体创造、审美形态，也来自美的历程，也就是从美学史林林总总的现象中提炼出来的。它们在原初是整合的。但是，有些美学史论著，在解读史的现象时恰恰忘记了美学理论知识所曾经提供的东西。教科书的美学理论知识为什么就不能用于美学史研究呢？美学理论知识讲审美感受，但到美学史却不讲，是缺失。美学理论知识中讲审美体验，在解读美学史现象时当然就需要讲。例如苏轼的书法，苏字真力弥满，逸气四射，纵横自如，挟带天风海雨、惊涛骇浪，如怒龙喷水、虎啸山庄，富于生机力量。他的字随物赋形，随意挥洒，可大可小，可收可放，其意极丰厚而灵动，或纵横驰骋，或信马由缰，有着极鲜明的审美节奏感和生命律动。就《赤壁赋》帖、《楚颂》帖而言，那种观赏苏字所调动起的情绪感应和生命感受的体验特征，让人们得到极大的满足。这是在对美学史上审美形态现象的解读中所出现的审美体验论的印证。又例如意象分析是美学理论研究中的常用方法，当然适用于美学史。从意象出现的频率，发现审美主体的意向、意图，进而发掘其意味。柳永词喜用"断"，摒却和颠覆对象的完整形态。《曲玉管》："断雁无凭。"《采莲令》："断肠争忍回顾。"《少年游》："断肠声尽。"《夜半乐》："断鸿声远长天暮。"《倾杯》："空目断，远峰凝碧。"等等。尤其是《玉蝴蝶》"断鸿声里，立尽斜阳"，更形成了孤寂冷落的形象的塑造。再例如时空美学。范仲淹《苏幕遮》："山映斜阳天接水，芳草无情，更在斜阳外。"欧阳修《踏莎行》："平芜尽处是春山，行人更在春山外。"形成空间的无限延宕。《玉楼春》中："别后不知君远近，触目凄凉多少闷。渐行渐远渐无书，水阔鱼沉何处问。"时间的推移、空间的延伸，形成时空交错的审美布局。而时空美学中又有着情感意味。欧阳修《生查子·元夕》："去年元夜时，花市灯如昼。月上柳梢头，人约黄昏后。今年元夜时，月与灯依旧。不见去年人，泪满春衫袖。""元夜时"的"月与灯依旧"，时空相同，却人事巨变——"不见去年人"，从而逼发出情感巨变——"泪满春衫袖"。

　　美学史撰著过程中的描述与概括问题，未及举例，现就宋代建筑园林美学加以实证。无描述则无现象的展示和历史图画的呈现，然而，描述后应该有概括，概括所表现的方式是提炼，其着力点则是提升，是形成史的话语判断。于是，可以进行这样的概括：由唐入宋，中国园林在审美上格调有变化，审美格调反映了美学精神，而又在物化体的形式上体现出来（这是揭示的史的演化）。宋代园林文化和美学精神的精髓就在于把物质现象的园林视为精神现象，这样就自然超越了物质领域进入精神层次——文化、审美层次。于是，园林便用于陶冶心志、怡养精神，也因之形成了宋代园林以至于整个中国园林的精神定位——文人园的审美化（这是概括的文化、美学内涵）。以精小为规模、以雅致为风调，宋代士大夫文人以此作为构筑园林的审美依据，又从所构筑的园林中获取了审美的感觉经验（这是揭示的审美特征）。

另外，还有撰述过程中的实地考察问题。实地考察是为了亲验历史、置身历史、复活历史——复原原像，获得亲身与历史对话的经验和话语。面对遗址、存物，撰述主体的角色，身份不是考古学家，而是美学史家，所进行的体认和所获得的感受是审美的，是历史的意趣。这种治史方式有着文献资料阅读所无法替代的功能和作用，保证了美学史撰述的当下语境性质和经验主体性格。

# 第三章　中国美学史的研究理念、程序和书写方式

　　当今中国美学史的研究成果十分丰赡。美学通史、美学断代史、专题美学史等著作之外,各种类别的研究论文车载斗量,出现"红杏枝头春意闹"的繁华局面。研究者们按照自身的体认、理解、研究方式加以书写,各尽其职又各尽其妙。书写方式成为研究主体视域和操作方式的认知选择,有共同的,有因借的,有个别的。或以范畴为中心,或以思想为线索,或以形态为对象……而不是"全国通用粮票"式的书写模型。

　　诚然,西方美学史观念、方法大举东进后,部分采用其书写方式不乏可援之例,但总觉隔膜,我们的终端成果不应是西方美学史观念投照下并采用其叙述方式所研究和书写的美学史著,而应当体现中国美学史的固有性质和话语系统特征。

　　任何一种方式都无法涵括全部,然而作为一种基本构成途径,却是约定俗成,可以循例的。中国美学史研究和书写方式大致是从文本解读入手,坚守立场,尤其是批判立场,最终诉诸恰当的书写方法。它使得中国美学史研究以及书写的学理性通过具体的操作性体现出来。

## 第一节　面对、细读文本

　　细部、个案的文本解读是全部研究的起点并因之构合为血肉生机。它基于这样一种认识:美学史的现象、经验、历程等凝结、存活于文本之中。美

学史不应从预设的理念、概念、理论、框架出发,把丰富多彩的审美形态或削足适履或拉郎配式地纳入其中,借以印证主观化的设定模式。美学史研究的对象始终应当是生香活意的现象存在,它们蕴藏在繁如星辰的文本之中,因此,文本便成为可把握和可直接触摸的对象。这里所言之文本是广义的,既指纸本文献,又指器皿实物;既指理论著录,又指艺术事实。审美的理想、形态、经验以及美学史的发展都在文本中存活和显现。这才能避免美学史研究的空泛化。以文本及其解读为前提和基础,实际上是坚持了实证式和感性化的研究。其实,中国美学史的研究和书写应是从文本(含器物等)鉴赏开始的。鉴赏亦即品鉴、识赏,是中国文化、美学最普遍的运用方式,最早的是运用于人物品藻即鉴赏。谢赫《古画品录》,金圣叹评点《水浒传》《西厢记》等包含丰富、细微的阅读智慧和体验、感受。主体的审美理念、趣味这些美学史中的亮彩在鉴赏中闪射出来或凝定起来。因为谢赫有"画品",才会有中国绘画美学开山之作的"六法"论;因为钟嵘有"诗品",才会有中国第一诗美学论——《〈诗品〉序》。门类美学中的"序"如同历史著作中的"序"文一样,是一种体现中国人思维特性的提挈、概括的经验总结。明清人对古器物、绘画、法帖的鉴赏有极高水平,成为美学史研究极可宝贵的资源和书写方式的启示录。所以,中国美学史诗、文、书、画、器之"品"即鉴赏,即文本解读,是进入中国美学天地的直接通道。

  鉴赏不仅是一般的意象解说,而且是意味深究。李泽厚把青铜器的美概括为"狞厉的美"——"它们呈现给你的感受是一种神秘的威力和狞厉的美"。这种概括完全是鉴赏青铜器所得,属于对器物的解读。他在书中反复用"你看"的句式,实际上是反复表述自己的鉴赏感受,引导读者沿着其解读鉴赏路向行进。"你看那些著名的商鼎和周初鼎,你看那个兽(人?)面大钺,你看那满身布满了的雷纹,你看那与饕餮纠缠在一起的夔龙夔凤,你看那各种变异了的、并不存在于现实世界的动物形象,例如那神秘的夜的使者——鸱鸮,你看那可怖的人面鼎,它们已远不再是仰韶彩陶纹饰中的那些生动活泼愉快写实的形象了,也不同于尽管神秘毕竟抽象的陶器的几何纹样了。"[①]以鉴赏为先导,便得出了青铜器富于历史感的美学结论。

  郭沫若对先秦文字史、社会史、文化史、美学史的研究完全建筑在解

---

① 李泽厚:《美的历程》,文物出版社1981年版,第36、37页。

读进而鉴赏文本的基础之上。例如他是为数不多的能够识得、读解甲骨文的大家,又是通过解读作为文本的青铜器器型、纹饰、铭文来研究上古美学的大家。郭沫若以解读和鉴赏为基点和出发点的先秦青铜器研究进而深化为理性结论:一是探发审美表象中所沉淀的意味。二是在鉴赏和阐释中凸显审美意识。借助文本,而又突破文本,超越实用层面,进入审美和美学史。三是解读为他创立青铜器的分期说这一划时代的学术贡献打下了坚实的文本基础。四是对南北文化、美学进行比较,进而形成经典性结论,学界至今仍在遵守。

宗白华是古典绘画、书法的鉴赏家。他的《美学散步》认为:"晋人风神潇洒,不滞于物,优美的自由的心灵找到一种最适宜于表现他自己的艺术,这就是书法中的行草。"他援引唐代王昌龄《初日》诗:"初日净金闺,先照床前暖。斜光入罗幕,稍稍亲丝管。云发不能梳,杨花更吹满。"认为"这是多么艳丽的一幅油画呀",甚至"很像一幅近代印象派大师的画"。

以上例证均构成从文本出发的解读、鉴赏进而开掘、深化、提炼的美学史研究和书写范式。细读文本,不仅如前之引例,形成和支撑美学史结论,而且会调整阅读视角,重建阅读空间,甚至会改变原有的美学史结论。例如绘画鉴赏家徐邦达通过对藏于伦敦大英博物馆的顾恺之《女史箴图》的鉴赏,得出了非顾氏所绘的石破天惊的颠覆性结论。

对文学审美样式的"词",李泽厚在《美的历程》中说:"'词境'确乎尖新细窄,不及'诗境'阔大浑厚……小而狭,却巧而新。"文史家缪钺在《诗词散论》中认为:"词之特征约有四端,一曰其文小,二曰其质轻,三曰其径狭,四曰其境隐。"然而,在细读宋词全部文本之后,这些结论就可能被推倒。宋词诚然抒情,但其功能大有扩大。一部宋词简直就是宋代的百科全书。举凡宋代的都市、宫廷、佛殿、道观;市人、细民、歌娃、舞女,九流三教;上元清明,四时八节,一切自然、社会景观及其生活方式、类别都在宋词中表现和描述尽足,包罗万象,五光十色。诚然有恋情,但也有抗战;作者中诚然有文人,但也有军人;诚然有低唱,但也有呐喊;诚然有小令,但也有长调,以至有三阕四阕,篇制不亚于唐的长篇叙事诗、抒情诗。它在描述都市风光时,恍若城市规划图,汪洋恣肆,俨然赋之"三都""二京",初唐四杰的长安诗篇。它不仅跟诗接榫,而且如同大赋一样,体物写志,铺采摛文。柳永《望海潮》把西湖写得令金主完颜亮垂涎三尺。宋词简直就是两宋地方志的形象化体现；宋词又简直就是《东京梦华录》《武林旧事》等的长短句词体体现。这样一解读，对宋词整体上的功能、特征的体认就要另当别论了。对朱熹的体认也是如此。细读朱子文本，就会改变原先的认知定势：道貌岸然、法相森森，排除感性美感。朱子尚有许多对自然美倾心欣赏的文字，如《百丈山记》和武夷山《九曲棹歌》等，他的感性美感竟是那么丰富鲜亮。

无论是支撑，还是颠覆结论，都恰恰说明细读文本是中国美学史书写的基础性功能。美学史的文本解读方式大致可表现为：既对对象（群体、个体）进行审美价值判断，又进行审美感受的体验，如同明代高濂《遵生八笺》鉴赏宋瓷获得"心目爽朗，神魂为之飞动"的感受一样。后者更能体现美学所固有的特点，而有后者才会有前者的存在，储存了审美经验资源，会使审美价值判断显得扎实可靠。美学与美学史相连，撇开或悬置美学，美学史就会成为无名目的类别史。美学史需要回归其本体——审美素质的发掘。只有按照撰述主体的审美感受所体认出的审美对象，才富于主体特征，才接近或吻合于研究和书写对象。

## 第二节　坚守学术立场

中国美学史的研究、书写包含历史复原和知性思考两大层面，知性思考属于主体视界范畴。书写方式引入文化、审美理性、理念、理想以及评价态度、批判立场，是精神之提升，是赋予其风骨和内涵。因此，不应限于历史原景的回放和照单收料，使中国美学史书写经过化约成为资料长编和材料堆垛。缺少分析态度、批判立场，导致评价缺席、批评失语的现象，从根本而言，是研究、书写主体性和视域的退席。书写主体在纷繁万态的历史资源面前，慌乱失措——所谓"五色令人目盲"即对这种状态的描述——从而对所有时期的审美现象一概照录，给予肯定、赞扬，无分轩轾。在这一过程中，美学史家所采取的是既悬置价值判断，又远离审美评价的立场。消解了研究和书写主体的立场，就退居到与研究、书写对象相提并论或等而下之的地位。研究和书写主体的姿态是俯视，不是平视，更不是仰视。缺失主体高屋建瓴的姿态，势必成为一种学术逃避行为。其主要表现有如下几类：

**缺乏时段界定，将同一美学精神的前后期历史作用做混一性体认。**儒家美学在形成期及其后一段相当长的历史时段中生机旺盛，成为中国美学史的主流话语。《论语》著名的"子路、曾皙、冉有、公西华侍坐"章中孔子"吾与点"（即"暮春者，春服既成，冠者五六人，童子六七人，浴乎沂，风乎舞雩，咏而归"）的人生理想具有审美意味，不无从容、略带散淡的夫子风致。然而，儒家美学那服从于和服务于社会霸权话语的致用理性，使自己手造和别人帮造的墙层层加固了，部分消泯了它曾经有的生机，趋于凝固化，甚至庸俗化。对此，美学史评论不应缺乏分析，把前后期儒家美学做等量级和等同性看待。同样，对青铜器等，也不能在美学史时期上一视同仁。

**缺乏性质界定，把非美学理论现象作为美学理论来看待。**诚然，刘勰《文心雕龙》中"神思"等篇具有美学的绝大智慧和性质，但将它整个地认同为纯美学著作，则是泛美学观念所致。《文心雕龙》文章学文本解阐、杂文学理念及其中和折中的态度，都束缚了在纯美学论述上的根本性突破和蹿升。

**缺乏精神内核的权衡，把同一审美形态做浮泛的同一性体认。**将宋代范成大的田园诗审美与陶渊明等量齐观，则忽略了二者在审美主体精神上的差异。范成大的田园诗美远欠陶诗意味的深刻。范诗乃官高禄满后休闲心态的体现，与对象世界，"隔"；陶诗物我俱忘，融入对象之中，"不隔"。陶渊明"心远地自偏"一句诗就能体现二人的高低、优劣之分。

**缺乏全面观照和审视的态度。**对陆游的诗美成就，总是众口一词赞其爱国主义、民族主义精神，却遮蔽其屈节媚权的不光彩行为。《宋史》本传载其"晚年再出，为韩侂胄撰《南园阅古泉记》，见讥清议。朱熹尝言其能太高，迹太近，恐为有力者所牵挽，不得全其晚节。盖有先见之明焉。"南宋权臣韩侂胄，兴庆元党禁，逮捕江湖派诗人，在清流士人中声名极坏。然而，也有拒绝献媚的，这便是杨万里。据《宋史·杨万里传》："韩侂胄用事，欲网罗四方知名士相羽翼。尝筑南园，属万里为之记，许以掖垣。万里曰：'官可弃，记不可作也。'侂胄恚，改命他人。卧家十五年，皆其柄国之日也。侂胄专僭日益甚，万里忧愤怏怏成疾。"所谓"改命他人"，这人便是陆游。杨万里《寄陆务观》说："韩侂胄奸臣专权无上，动兵残民，谋危社稷，吾头颅如许，报国无路，惟有孤愤。"于是，在陆游身上巨人与侏儒、伟大与委琐、功名与求媚交织在一起。只有这样，才能认知陆游全人，才能揭示其光环之下的卑俗士节。而人品和文品的统一性，历来是中国传统伦理性美学的价值判断的标准。

**躲避崇高，缺略悲情。**魏晋名士与晚明名士的文化、审美涵量不是等值的，但常被同等视之。人们满心肯定晚明山水小品的审美价值，却忽视其精神的退化。其文化、审美意识的表征往往是碎光风景，纳入小品之中，短章精粹，或是摄入一片风光，或者表达某种感受。它缺少深刻和经典，没有魏晋之悲情，没有韩潮苏海之气象。它畅达了感性心理的多种形式，无疑开阔了人们的心理空间和审美空间，但弱化了深情、沉思、忧患；诚然潇洒，但缺席的是深邃；令人感官得到满足，却滑走了人文的终极关怀。这是日常生活姿态和趣味经过调整带来的必然结果，从而解构了历史的深度意识。

**庸俗社会进化观常常成为美学史进化观的思想内核。**就历史而言，应该完整、动态地看待社会的发展，有进化，亦有退化，非线性式发展，美学史也是如此。庸俗社会进化观兴起于南宋末期，大盛于明代中后期，绵延于整个清代的赏玩：玩古董，玩雀子，斗蛐蛐，提笼架鸟，抛石掷弹，形成了赏玩文化、美学，竞相为尚。这是一个既氤氲清风，又弥散俗气的矛盾交错的文化史、美学史现象。播红飘绿、飞扬浮躁，是其社会温床。人们可以说是无所不用其极，只要想得出，便能玩出，其想法、功能得到最大的开发和发挥。例如袁宏道有《斗蚁》小品，惊异于斗蚁"古未前闻"；又写有《斗蛛》小品，同样惊异于"斗蛛之法，古未闻有"。这是感性膨胀，人体欲望要求如百虫钻身，骚躁不安，人性复苏进而横冲直撞的必然结果。感性主义成灾是对理性主义罪过的一种惩罚，正如极端自由主义是对明初血腥专制主义罪过的一种惩罚一样——没有规范，失去控制，任性妄为。对明代的所谓个性解放、启蒙主义思潮的评价，学界似乎过了头。启蒙虽启开了过去被理学所压抑的"清"的人性，但也像打开潘多拉魔盒一样，"脏"的人性便竞相而出，其历史进步性和落后性并存。对此持分析和批判立场，才是正确的美学史研究和书写立场。而一旦立场转变，中国美学史的这类例证便纷然出现。诸如，宋代舞蹈的纯审美因素在唐代基础上消退，在世俗文化因素的熏染下，转呈戏曲性质。元代人物画呈衰落趋势，不及前代。明代绣品远不如宋，明人高濂《遵生八笺》就曾指出这一点。书法美学中明代"尚态"，迎合大众文化趣味和消费心理，已消解了晋人之"韵"。后期中国工艺美学的装饰性增加，而艺术感下降，精致而少内涵，缺失了中国美学澄怀观道的本体精神。后期中国建筑、园林的非文化、审美因素加重，明清特别是清紫禁城的压抑、单调，铺天压地，陈设富丽透溢俗气。私家园林逼仄拥挤，如苏州狮子林，已为园林美学家所诟病。园林的休闲功能取代了中国文化、美学所曾有的艺术精神和宇宙意识的表征性能。仿真园林出现，以皇家园林为盛，模拟天下景致萃集于一园，如避暑山庄的金山寺等，却是画虎不成反类犬，不伦不类，帝王餍足心态挤兑了文化、美学原则。外八庙虽也模真仿佛，给人的只是瞬息间的认同感，但仍觉得假，远离了原有的生态美学现场，帝王的政治考量压倒了审美目的。颐和园仿西湖苏堤，仿洞庭湖，仿太湖黄埠墩，却使园景比例失调，疏密相悖，破坏协调和谐的审美原理，终成败笔。凡此例证，都说明不能用现象取代评判，用进化论遮蔽批判立场。

中国史学的基本原则是秉笔直书，不加隐晦，保证了真实性品格及其批判精神的实现，从而赢得信任、尊重和道德伦理的崇敬。这是史德高线，也是底线，中国美学史亦如此。中国美学自宋以后贯串着怀疑态度、精神，而不是人云亦云，亦步亦趋，捧场叫好。这是中国美学的基本品格和历史活力。事实上，一部美学史就是书写着的批判史，种种案例，史不绝书，为现今人重返美学史树立了范式。

在解读基础上的评价、批判是研究和书写程序，也是风骨、识见和眼力的显现。批判输入书写，是一种立场，是基于研究和书写本体性质的一种态度。在批判中体现当下的时代审美理想、趣味、愿望和诉求，表征这个时代文化、美学的自信、精神、做派，表明良知尚复存活，理性还未沦丧。又只有通过批判，才能凸现研究和书写主体的个人审美价值观和风范。它是最具个人魅力的研究和书写亮点，成为美学史最为稀缺的资源。当研究和书写主体像庖丁解牛那样，"提刀而立，为之四顾，为之踌躇满志"时，该是怎样的一种学术风采啊！

## 第三节　书写方法、程序

中国美学史之书写方法主要在视域、论述、话语三层面进行。

**视域求气度。**这就是大气、大度，心中装有全史，视域宏放。美学通史诚然需如此，断代美学史也应如此：改变断而不连的状况，形成美学断代史与美学通史的联系，以及美学断代史内部各要素的联结；大处放眼，小处落笔，寻绎、勾连总部与细部、整体与局部的联系，使细部、局部不致孤岛化，而是跟总部、整体间存在着毛细管式的网络联系。

美学史宏观扫描的重点是凸现思潮社会的、美学的地位和作用。思潮的形成、变化和发展，具有美学史的本体意义。思潮流动的图像是史的图像。诚然，思潮属于群体性质，然而，最终落点却在个体上。个体融入思潮，个体放在思潮屏幕上透视，个体既成为群体思潮的构成因子，又沾染鲜明的思潮色彩，从而具备了思潮性质和史的性质。于是，史的结构便表现为：个体—心态，思潮—心潮，心态史—美学史，最终形成心学—美学的命题。

美学史书写中最重要的是展现其变化程序：同化与异化。同化是承续，异化是变更，即对前代的改变、清算、反叛甚或颠覆。只讲其中一项，特别是只讲同化、继承，不是对史的完整体认。因之，史便是：同化—异化的结合，其中又须有中介形式，通过中介形成转化。因此，完整的表述便是同化、异化、中介，形成静态叙事与动态展现的结合。

这样，也就构合了美学史的动态化机制：在前代美学史的延伸下，在延伸下的美学史中。既有上溯，又有下延。于是，美学史的大通性质和特点便具备了。以六朝至宋代为例，六朝变汉，变汉的粗放为精约，园林美学尤为显著；文学美学上由汉之大赋变为六朝小赋，书法美学也有显现。隋代美学则变六朝感性美学为理性美学，对六朝加以清算。唐代美学一方面改变隋代美学，一方面清理并合理吸收六朝美学。宋初经历了延续晚唐美学的过程，并逐步对其加以清除汰洗，独立成体，建构成覆盖众多美学门类的宋型美学。

书写过程中应建立互证互动机制。诸如：理论著述与艺术事实，二者在互证互动中说明美学史主题。最典型的时代例证是宋代。宋代的美学理论从时代的审美需求和艺术事实中来，进而又对艺术事实加以说明和印证。例如平淡的审美理论，从梅尧臣、欧阳修直到苏东坡都共同表述这一论说，形成其表达的完备性。其论述形成和发展臻于成熟的过程中，出现了论说的形成模式。欧阳修尚是就梅尧臣的诗美风格而言，到苏东坡，则有抽象性提升：先是表述为绚烂之后归于平淡，终于归结为平淡乃绚烂之极的命题。其《与侄书》写道："凡文字，少小时须令气象峥嵘，采色绚烂，渐老渐熟，乃造平淡。其实不是平淡，乃绚烂之极也。"这样，"平淡"便在宋代成为完整的美学论。它从众多美学门类中来，又普适于这些美学门类。诸如诗的创作审美风格对平淡的追寻，诗的审美评价上对平淡的欣赏，陶诗在宋代地位猛然上升，远过六朝和唐代，原因也就在此。其他诸多门类美学亦得广泛体现，瓷器中汝窑、哥窑、官窑等莫不如此，清润雅致，一改唐三彩的郁丽缤纷。

重形态、重经验，带来研究主体尚感受、尚体验的叙述方式，这就不同于观念美学或理论美学——虽然也谈审美理想、观念，但不限于对象所提供的理论宣言，而是从其审美形态中概括出来，从而带来样态的鲜活性质。至于美学理论，则是与审美形态并辔而行，在美学理论与审美形态的互证互动中，一起阐解美学史的题旨。这就需要形成审美理论与审美形态、美学宣言与艺术事实相并重的研究和书写框架。把中国美学史单纯书写成中国美学理论的史或中国审美理论史是欠妥的。

思想史与美学史的互证互动，往往是思想史成为美学史的精髓，美学史成为思想史的感性化和艺术体表征。例如，感性主义美学和形式主义美学的出现，是宋明理学解体的自然趋势。感性主义高涨，寻求人的个性、独立和自由，于是有李贽、汤显祖等人的审美论。这一点已为美学界所熟知和共认。在形式、技巧方面，这段时期的艺术家愈来愈重视并建构形式本身的独立状态。明清时代那么多的园林美学著述，所表述的形式主义美学原理，叙事文学审美中金圣叹批点《西厢记》《水浒传》所提出的若干法，至毛宗岗批点《三国演义》所出现的法之集成，都体现了形式主义美学原则在一些特定门类中的出现和形成，彻底改变了前代形式的依附性，取得了独立性。

美学各门类之间也需互证互动。中国美学门类的互构性特征，决定了互证性美学史的书写方式。诗画一律，为人们所熟知。又有书画同一，书法审美融入绘画审美之中，形成抽象性线条意识。还有园林与绘画同源，绘画论转化为治园论。计成是画家，却写有著名的《园冶》，他用画论来构建园林美学论。经营位置，空间构图成为绘画、园林所共同遵奉的审美原则。

互证互动就是整合。美学史诚然扣合时代、社会、文化语境，扣合各艺术门类，但要经过整合，通过整合形成有机体。否则，就会皮肉相分，了不相属。

书写方式的体例没有预定模式、一定之规、上下几千年从先秦到明清的通行法则。体式在根本上是从对象中来。六朝突出范畴，如"妙""丽""气韵""言意"等等。隋代突出理性主义美学，对六朝美学进行清算。唐代突出思潮，初、盛、中、晚唐崭然有分，唐代以及后来的明代是社会思潮与美学思潮关系密合的典型时代。宋代突出文化，宋代是文化型社会，美学具有浓厚的文化色彩。从以上例证可以看出，应当根据时代、时段所提供及其所表现的特点来确定和设置相应的美学史书写体式。

然而，在叙述程序上尚有一般书写方法可循。大致是：宏观扫描后进入微观解析再回到宏观层面，往复运动。宏观进入微观的程序较易理解，何以要在微观解析后再进入宏观世界呢？这是为着从宏观上加以史的定位。无论是对群体还是对个体。无论是对理论著述还是对艺术事实，叙述远非目的，最终是要确定其地位，这是叙述的归宿。于是，宏观就不仅是视野，而且是史的定位坐标。

**论述求深度**。史不能满足于资料编列或文本的纯然介绍，而应包括对历史存在现象的运行因素及其线路运行轨迹的内在揭示，对形成现象的原因说明。历史积淀为心理，心理表征为审美现象。史应有史感，史感来自史识，识见是学术和学术史的生命，存在着一种主体的深刻体认，形成相应的结论，这是美学史的深度所在。精彩的卓识，常常会令人"拍案惊奇"。

文本资料对象是一致的，它们是研究者的共同财富，为人们所均等拥有，但进入解读程序则出现差异。文学理论家所观照的是文学思想，艺术理论家所发掘的是艺术精神，而美学家所进行的则是审美元素的发掘和解阐。对象是一致的，主体视界则是相异的。人言人殊，是一个值得肯定的学术命题，这不仅指各人说自己的话所形成的差异，而且指所说话的深浅程度。

**话语求温度**。这是指诗性体验方式和书写话语。所谓诗性体验方式乃是为中国美学史本身所具备的，大致有：

其一，感同身受。宋代李纲《〈重校正杜子美集〉序》曾说道，自己对杜甫动乱时期所写的"忠义气节，羁旅艰难，悲愤无聊"的诗篇"平时读之，未见其工"，等到"亲罹兵火丧乱之后"，相似的经历和感受便出现了，"诵其诗如出乎其时，犁然有当于人心，然后知其语之妙也"。这种情形是批评主体的心理经验介入，包含着审美接受的心理参与和所获得的影响方式。中国诗美学的主要载体——诗话、词话、曲话，基本上取此方式。

其二，染化心境。清代潘德舆在《养一斋诗话》中曾摘录唐代常建、綦毋潜、王昌龄等一批诗人的清幽诗句,并说到自己的接受感受:"皆曲尽幽闲之趣,每一诵味,烦襟顿涤。"近代梁启超把这一点说成是"刺激":"刺也者,能入于一刹那顷,忽起异感而不能自制者也。"他列举一些具体的情绪刺激进而形成转移的现象:"我本蔼然和也,乃读林冲雪天三限,武松飞云浦一厄,何以忽然发指?我本愉然乐也,乃读晴雯出大观园,黛玉死潇湘馆,何以忽然泪流?我本肃然庄也,乃读实甫之《琴心》《酬简》,东塘之《眠香》《访翠》,何以忽然情动?若是者,皆所谓刺激也。"①

其三,自化其身。这与创作审美主体"身与物化"现象一致,主体化为对象,出现对象化。梁启超还说道:"凡读小说者,必常若自化身焉,入于书中,而为其书之主人翁。读《野叟曝言》者,必自拟文素臣。读《石头记》者,必自拟贾宝玉。读《花月痕》,必自拟韩荷生若韦痴珠。读'梁山泊'者,必自拟黑旋风若花和尚。""当其读此书时,此身已非我有,截然去此界以入于彼界。"他说道:"文字移人,至此而极。"②于是,便以生命体验为底蕴,以直觉感悟为方式,去参证和悟解人生、宇宙、美学的终极意义。

---

① 梁启超:《论小说与群治之关系》,见郭绍虞主编:《中国历代文论选》第4册,上海古籍出版社1980年版,第209页。
② 梁启超:《论小说与群治之关系》,见郭绍虞主编:《中国历代文论选》第4册,上海古籍出版社1980年版,第209页。

# 第四章　出土文物（文献）与中国美学史

出土文物，顾名思义是从地下出土的具有历史文化年轮、含量、价值的器物，或曰实物。出土文献，指的是发掘的文字资料和附着于出土文物器物上的文字资料，或曰纸本（广义），基本是指甲骨文、钟鼎文（金文）、简牍、帛书、石刻、卷子、陶文、盟书、瓦当、玺印等等。出土文物和出土文献互相依存、联系，犹皮之于毛。它们在文化层面上又和中国美学史关系密切，是后者的重要资源、阐释目标、研究对象。

## 第一节　出土文物（文献）对中国美学史研究的意义

20世纪以来，中国文物、考古界取得了一系列重大成果，有些成果足以惊天地而泣鬼神。大量出土的文物器皿以及附着其上或单独呈现的文献资料，文化—美学含量十分丰富，对整个文化界的繁荣、发展是有力的推助。殷墟甲骨的发掘，成就了一门古文字学——甲骨文的形成以及对殷商史的研究。敦煌藏经洞的意外发现，加速了敦煌学的形成。敦煌在中国，敦煌学则具有世界意义。汉画像石为汉代美学研究打开了通道。南京西善桥出土的竹林七贤砖雕，为《世说新语》的传世纸本提供了鲜活的标本。几十年来，马王堆、法门寺、曾侯乙、郭店楚简、上博楚简等，掀起了一波接一波的文化热，以至成为新学科、新学问。

王国维认为："古来新学问起，大都由于新发现。有孔子壁中书出，而后有汉以来古文家之学；有赵宋古器出，而后有宋以来古器物、古文字之学。"①这是一个极重要的学术思想——新学问和新发现紧密相连。只有通过新发现,才会有新学问。前提是获取新材料,进而酝酿新命题,产生新结论。因此,重视第一手新文物(文献)、第一批新文物(文献),是研究的基本出发点和依据。学界所提供的大量事实证明,资料时间越早就越接近于本体事实和结论。后来者可以丰富它,踵事增华,也可以挑战它,颠覆否定。但是,无论如何,最早的原初物品和原始文献是最重要的,犹如登上珠穆朗玛峰的峰巅,就更靠近太阳一样。

现在的学术状态是,冷热不均:文物、考古界,热汤热水,热火朝天;美学史界冷锅冷灶,冷眼旁观,仍然一味在老器物、旧文献上,翻来覆去做文章,未能广泛吸受"新发现"的器物、文献。缺失新鲜血液的补充,美学史研究就势必出现贫血症,滞后,甚至陈旧。可以肯定地说,没有出土文物(文献)的加入,中国美学史及其研究将是残缺的,或者是短腿的。由于近缘关系,中国美学史和文物、考古走得比较近,有些重大成果,美学史理所当然需要有反映,但遗憾的是,了无痕迹,遂致了无新意。而新意的来源之一,就是出土文物(文献)新成果。20世纪以来的文物、考古成果,堪称"夥颐"!让这么多、这么好的成果闲置,任其"水土流失""资源浪费",殊为可惜。

这就提出了一项课题:充分利用出土文物(文献)——为美学史所用。学术研究犹如工业流程,上游产品为下游产品服务。文物、考古已然做了先期准备,历史的记忆、年轮经过了修复、恢复,然后进入美学史领地,得其便利,进行史象叙述,解读所蕴含的审美文化密码及加以价值评判,就是顺理成章,题中应有之义。

在程序上,事实判断是价值判断的先行,为其做准备,王国维早就树楷范于前,他的研究经验是考据成果和学术论评相连接,从而在宋元戏曲研究上取得辉煌成就,梁启超赞道:"曲学将来能成为专门之学,则静安当为不祧祖矣。"②而陈寅恪的古典今典说以及文史互证法,从广义的学术史上着眼,同样给人们以方法论上的重要启迪。

传世文物并非世代相传,而是或早或晚出自先人的墓葬之中。人们常因土壤流失,或因河水冲刷,农民垦地、掘井、构筑等无意中探得古冢,发现

---

① 方麟选编:《王国维文存》,江苏人民出版社2013年版,第744页。
② 梁启超:《中国近三百年学术史》,浙江古籍出版社2014年版,第397页。

古器。还有现在的开工、拆迁、修路、建筑等，全中国犹如大工地。文物出土有极其偶然的因素，一投瞥、一回眸、一闪念、一转身……此类非必然性事件屡有发生，纯属偶然，机缘巧合，目瞬之间，意料之外，突然发现惊天动地的奇世珍宝。它印证了一句话：地不私宝。

新的发现是学术创新的前提，而随着新文献的出现、新观念的产生，又会对美学史研究的具体对象做出新的解读。1993年10月出土的湖北荆门郭店楚墓竹简，极大地震动了整个考古界、文化界以及美学界。其《性自命出》，对性、情、声、态做了系统、深刻的论述。不是语录式，而是富于逻辑性，推论严密，条分缕析，具有填补空白的重要价值。它阐述了诸多命题，如性的本体论："喜怒哀悲之气，性也。……情生于性。""凡性为主，物取之也。金石之有声，弗扣不鸣。人之虽有性，心弗取不出。"性的多样性："凡性，或动之，或逆之，或交之，或厉之，或绌之，或养之，或长之。"进而又对各种表现具体阐释道："凡动性者，物也；逆性者，悦也；交性者，故也；厉性者，义也；绌性者，势也；养性者，习也；长性者，道也。"其声情反映论认为：声出于情，情产生声，并有多种表现，"凡声其出于情也信，然后其入拨人之心也厚。闻笑声，则鲜如也斯喜。闻歌谣，则陶如也斯奋。听琴瑟之声，则悸如也斯叹"。①

有的出土文物（文献）足以改变现存的历史。2001年6月，国务院确定的20世纪全国100项重大考古发现之一的河南贾湖文化遗址出土的骨笛，已具备了七音节结构，可以吹奏完整的乐曲，它把人类音乐史向前推进了3000年，被确定为目前世界上最早的乐器。出土的甲骨契刻符号比安阳殷墟甲骨文早4000年，比素称世界最早的古埃及纸草文字还早1000多年，是世界上最早的文字雏形。贾湖文化作为新石器时代早期遗存是人类文明史上的重要里程碑。"暾将出兮东方，照吾槛兮扶桑"②，露现出华夏文明的晨曦曙光。

考古证明，1985年发现的贾湖骨笛，于1987年偶然吹奏响4、5、7、8孔，发现了音阶，8个孔已有7个完整的音节，是中国乃至世界保存最完整的最早的乐器。不同于河姆渡文化的骨哨，它彻底改写了人类音乐美学史。

"八音之中，金石为先。"1978年有两件震撼音乐界的大事，一是湖北随县擂鼓墩出土春秋时的曾侯乙编钟，它简直像是一座庞大的乐器建筑群，

---

① 李零：《郭店楚简校读记》（增订本），中国人民大学出版社2007年版，第136、137页。
② 屈原：《楚辞·东君》，见马茂元选注：《楚辞选》，人民文学出版社1958年版，第94页。

错落有致，恢宏浩壮。"这是我国目前出土的数量最多、重量最大、音律最齐的一套编钟……全套编钟总重量2567千克，共65件，出土时分3层悬挂在钟架上，最大的一件甬钟高152.3厘米，重203.6千克。编钟上刻有关于纪事、标音、律名关系的错金铭文。每件钟有两个发音，并呈和谐的大小3度关系，其音阶相当于现代国际上通用的 C 大调。中层编钟共有3个半八度，12个半音齐备，音域宽广，音色优美，且有变化音，能旋宫转调，演奏中外歌曲。它的出现，将我国音乐史七声音节的发现至少提前了400年。"①另据载，其音律铭刻在编钟上，由两部分组成：标音铭文、乐律铭文，计2800多字。标音铭文，简称音铭，它标明了每钟所击鼓部和鼓侧的音名，如宫、商、角、徵、羽等。乐律铭文，则列举春秋战国之际楚、晋、周、齐等国以及本国、本地的各种律名、音名、变化音名之间的对照关系。它提供了研究先秦乐律、音乐美学史的不可多得的材料。二是河南淅川出土王孙诰编钟。考古资料标明，最大钟通高120.4厘米，舞修52.3厘米，铣间59.7厘米。编钟铸铭文17篇，内容相同，长达113字。早前出土于湖北宣都的春秋王孙遗者（据考证为楚公子追舒）钟，其铭文内容和王孙诰编钟基本一致。王孙诰编钟铭文言道："惟正月初吉丁亥，王孙诰择其吉金，自作龢钟，中翰且扬，元鸣孔瑝，有严穆穆，敬事楚王。"既有乐音的音质记载，又有音乐功利性的表述，这是难得的先秦音乐史研究出土文献资料。所谓"中翰且扬，元鸣孔瑝"的含义，就是孔子所言音乐的集大成者，孟子所言金声玉振者："集大成者，如金声而玉振之者也。金声者，是其始条理也……玉振之者，是其终条理也。"②可见，是指音乐音律、节奏、和声自始至终的"条理"，五声相谐，八音协和，黄钟大吕，镗鞳宏壮。

最早的单件乐器、最早的组合乐器、最早的音律记录，都是在近期的出土文物（文献）中发现的，而关于最早的管理音乐的机构——乐府建置，也是如此。班固《汉书·艺文志》云："至武帝定郊祀之礼，祠太一于甘泉，就乾位也；祭后土于汾阴，泽中方丘也。乃立乐府，采诗夜诵，有赵、代、秦、楚之讴。以李延年为协律都尉，多举司马相如等数十人造为诗赋，略论律吕，以合八音之调，作十九章之歌。"对于汉武帝建置乐府，南朝刘勰采用此说，曰："暨武帝崇礼，始立乐府，总赵代之音，撮齐楚之气；延

---

① 郭军林：《中国青铜文化》，时事出版社2009年版，第15页。
② 杨伯峻：《孟子译注》（上），中华书局1960年版，第232页。

年以曼声协律，朱马以骚体制歌；桂华杂曲，丽而不经；赤雁群篇，靡而非典，河间荐雅而罕御，故汲黯致讥于天马也。"①沈约《宋书》也认为，汉武帝建置乐府"虽颇造新歌，然不以光扬祖考、崇述正德为先，但多咏祭祀见事及其祥瑞而已，商周雅颂之体阙矣"。唐人颜师古说，汉武帝"始置之也，乐府之名盖起于此"。宋人郑樵《通志·乐略一》进一步沿用这个说法："武帝立乐府采诗。"看来，汉武帝立乐府的说法，经几代史著和学者记载、论说，言之凿凿，不可动摇。但是，它却被最新的出土文物资料兜底颠覆、推倒了。1976年2月，秦始皇陵区封土西北约100米处出土一件钮钟，上面赫然大书错金铭文"乐府"，至少说在秦始皇时期已建置了这个官方音乐管理机构——乐府，比汉武帝建置说大为提前。无独有偶，2000年，西安秦遗地出土"乐府承印"封泥一枚，进一步印证了上述说法。这不仅对于音乐美学、音乐史有重要价值和意义，而且对于文学美学，采诗、献诗制有重要价值和意义。它涉及"采诗夜诵"的含义，范文澜引用《史记·乐书》："通一经之士，不能独知其辞，皆集会五经家，相与共讲习读之，乃能通知其意，多尔雅之文。"然后具体诠释道："讴谣初得自里闾，州异国殊，情习不同，必抽绎以见意义，讽诵以协声律，然后能合八音之调，所谓采诗夜诵者此也。给事雅乐用夜诵员五人，其职在抽绎歌义，诵以明之。"②正是论说其对于诗学的审美意义。

有的出土文物（文献）刷新了某一门类美学史，例如上博楚简——原为盗墓贼所窃，20世纪90年代被张光裕先生偶然在香港古玩市场见到，代上海博物馆购买。1999年1月5日，上海《文汇报》以题为《战国竹简露真容》的文章报道该事。这是现存最早、最完整的《诗经》学的出土文物和文献，其文学史、美学史价值非同寻常。楚简诗论既有礼教论诗，又有审美论诗；既有总论，又有评点，在内容和形式上，都代表了先秦时期诗学的最高水平。

总论部分，记录于第1枚简，开宗明义写道："诗亡隐志，乐亡隐情，文亡隐言。"这是《诗论》总纲，虽说就诗、乐、文三类而言，诗要言志，乐要抒情，文要言表，但三者是互文的。在具体论诗时，就贯串了这一总体思想。

在礼教论诗方面，论说风（《诗论》"国风"名"邦风"）、雅、颂的

---

① 范文澜：《文心雕龙注》（上），人民文学出版社1958年版，第101页。
② 范文澜：《文心雕龙注》（上），人民文学出版社1958年版，第107页。

不同功能。

关于"邦风"。第3、4枚简曰:"怨矣!小矣!邦风其纳物也,博观人俗焉,大敛材焉。其言文,其声善。""诗其犹广闻欤。善民而裕之,其用心也,将何如?曰:邦风是也。""邦风"观察、观照民风和人俗。

关于"雅"。第2枚简曰:"大雅,盛德也,多言难而怨怼者也。"第4枚简曰:"民之有戚患也,上下之不和者,其用心也,将何如?曰:小雅是也。""雅"是疏导、沟通民心、民意的。

关于"颂"。第2枚简曰:"颂,平德也。"第5枚简曰:"有成功者何如?曰:颂是也。《清庙》,王德也,至矣!敬宗庙之礼,以为其本;秉文之德,以为其业。"第24枚简曰:"后稷之见贵也,则以文武之德也。吾以《甘棠》得宗庙之敬。民性固然,甚贵其人,必敬其位;悦其人,必好其所为,恶其人者亦然。"颂,本为庙堂祭祀乐章,而作为文体,刘勰曰:"原夫颂惟典雅,辞必清铄,敷写似赋,而不入华侈之区;敬慎如铭,而异乎规戒之域。"①

在审美论诗方面,最具美学史价值。一种是发现,发现诗中的情感形态。例如第26枚简曰:"《邶·柏舟》,闷。"着一"闷"字,空前绝后,也是对其诗的一字诠释。"泛彼柏舟,亦泛其流",郁闷沉重而浮动。"心之忧矣,如匪浣衣",忧闷在心,难以排解。"我心匪鉴""我心匪石""我心匪席",极言烦闷,不可消释。第17、18、19枚简曰:"《采葛》之爱,妇因《木瓜》之报,以喻其怨者也。《杕杜》,则情喜其至也。溺志,既曰天也,犹有怨言。"第26、27枚简曰:"《隰有苌楚》,得而悔之也。""《北风》,不继人之怨。"都是着眼于情感表现和形态。一种是评说。《诗论》以前所未有的激情,以最为凝练的话语表达对《诗经》中篇什的评价态度。第21、22枚简曰:"孔子曰:《宛丘》,吾善之。《猗嗟》,吾喜之。《鸤鸠》,吾信之。《文王》,吾美之。""《宛丘》曰:'洵有情,而无望。'吾善之。《猗嗟》曰:'四矢反,以御乱。'吾喜之。《鸤鸠》曰:'其仪一兮,心如结也。'吾信之。《文王》曰:'文王在上,于昭于天。'吾美之。"情融于言,却又溢于言表,鉴赏主体或者说接受主体,直接表示了自己的情感态度,这是情感评价,也就进入了审

---

① 范文澜:《文心雕龙注》(上),人民文学出版社1958年版,第158页。

美。这些成就的取得,乃是因为切入文本、原意、本旨,也就是一种本体性的诗说、诗论,这是最具经验启示的。例如:第10、11枚简曰:"《关雎》以色喻于礼,情爱也。《关雎》之砏,则其思益矣。"第14、15枚简曰:"(《甘棠》)以琴瑟之悦,拟好色之愿。以钟鼓之乐及其人,敬爱其树,其报厚矣。""《甘棠》之爱,以召公也。"第16枚简曰:"《绿衣》之忧,思故人也。《燕燕》之情,以其独也。"第18、19枚简曰:"《杕杜》,则情喜其至也。……犹有怨言。《木瓜》,有藏愿而未得达也。"第23枚简曰:"《鹿鸣》,以乐始而会,以道交见善而效,终乎不厌人。"这些评说完全从文本出发,切近原诗,也就显得十分切实,遂成为新的经典之论。在表述所论说的内容时,使用了最初的点评方式。它延续几千年,成为中国文学批评史的通常形式。

## 第二节　出土文物(文献)和传统文物(文献)的"二重证据法"

重视新近出土的文物(文献),不是说要摒弃、踢开传统文物(文献)。王国维提出杰出的"二重证据法",对整个近、现代学术史具有崭新的理念和方法论意义。他说:"吾辈生于今日,幸于纸上之材料外,更得地下之新材料。由此种材料,我辈固得据以补正纸上之材料,亦得证明古书之某部分全为实录,即百家不雅驯之言,亦不无表示一面之事实。此二重证据法,惟在今日始得为之。"[1]这是他顺应学术新形势所提出的新论说和新方法,因为20世纪以来,学人们日益关注出土文物(文献)已成学术之大势。

何谓互构?地下与地上,出土与传统,文献与实物,或出土文献推翻传统文献,或出土文献印证传统文献,或出土文献刷新文献世界,是互生互克的关系,有纠正、验证、印证、补证等多种方式。互证法为比较法打开方便之门,实际上所承载的是现代学术方法论的部分功能。

现举两种常见方法:

**互证**。《楚辞·招魂》文辞怪谲,纷繁如云。王逸《〈招魂〉序》曰:"外陈四方之恶,内崇楚国之美。"刘勰《文心雕龙·辩骚》曰:"《招

---

[1] 方麟选编:《王国维文存》,江苏人民出版社2013年版,第490页。

魂》《招隐》，耀艳而深华。"所谓"外陈四方之恶"，用上下四方的情景加以描述；"内崇楚国之美"，美形美态，尽行罗列，铺张扬厉，所以，刘勰才有对《楚辞》的总体评价："气往轹古，辞来切今，惊采绝艳，难与并能矣。"王夫之《〈楚辞〉通释》在评论《招魂》时说："以意想像而设言之，自此至末反故居些，皆像设之词。""像设"即是想象。例如《招魂》写道："砥室翠翘，挂曲琼些。翡翠珠被，烂齐光些。"用石板砌墙，用玉钩悬物。被子上饰满翡翠羽毛，通体闪闪发光。"室中之观，多玲怪些，兰膏明烛，华容备些"，珍宝杂陈，容光齐放。如此繁多、艳丽的意象和意象群，有着极强的审美视觉感染力和冲击力，令人瞠目结舌，以为纯是诗人匪夷所思的想象之辞。然而，看到1978年曾侯乙墓出土实物的铜器、漆器、绘画、雕刻，人们同样惊呆了，惊奇的审美感觉油然而生。同时，对《楚辞·招魂》传世文献和曾侯乙墓的出土文物又自然而然地产生联想，前者以后者为审美对象化基础，有深厚的生活来源，吸收了全部的感性形态、线条、色彩、构图等。那些玉饰、玛瑙、琉璃珠、绿松石等等，流光飞彩，精美绝伦，即使一件小小的物品，如鸳鸯型漆器盒，也是打磨得那么玲珑剔透，图饰得那么五光十色，人见人爱。《楚辞·招魂》作为传世文献经典，曾侯乙墓藏作为出土艺术经典，都以缤纷郁丽的感性形式出现，互为映照，在美学史上成为"二重证据法"互相发明、互相证实的范例。

**比照**。说到《诗论》，不能绕过《诗序》（大序、小序）。《诗序》是儒家诗学的经典文献、传统文献。《诗论》的新近露世，正可以进行出土文献和传统文献的比较研究，是"二重证据法"的另一类适例。宏观方面，《诗论》是本体论，意旨论；《诗序》是附会论，引申论。

《诗序》实际作者的身份殊无定论、莫衷一是，掺杂不同人的诗学观点。话语来源旁搜远绍，例如，有些论述原文照录《礼记·乐记》，并非原创；《诗论》则是原创，首发其论。汉儒说诗，微言大义，脱离本体，乃影射性诗学、附会性诗学，生拉硬扯，渐入歧途、末路。《诗序》体系化的儒家诗学的核心是教化，担负政教的工具功能，"风以动之，教以化之"，以情感性的感化达到政教的社会目的、效应。"经夫妇，成孝敬，厚人伦，美教化，移风俗"，虽然经天纬地，包罗万象，但总是限制在宗法伦理圈内，因而，在实际上又显得十分逼仄。所概括的"六义"是教化说的具体派生，其中部分内容如"淑女，以配君子"则凝固化为"比德拟象"的狭隘模式，最终完成了"善鸟香草以配忠贞,恶禽臭物以比谗佞"的僵直框架。"发乎情,止乎礼义",以理节情,慑于社会伦理的情感自我压抑、控制,窒息了多少美丽的青春热情,也培养了中国人的传统性格,当然,也就影响了中国美学的总体风貌和品格。以教化为中心,辅之以节情、比德等构成的美学系统,从横向、纵向两个维度上的流变、影响,越来越僵化、板硬。它超越文学,影响音乐、绘画等众多领地,例如,唐代张彦远《叙画源流》劈头一句话,"夫画者,成教化,助人伦,穷神变,测幽微,与六籍同功"和上引的《礼记》《诗序》如出一辙。语言意象统统丧失了本初的美,成为最简化的牵强附会、曲解和臆测。一切自然美现象除了伦理化外,自身的美不复存在。它是非审美的,而《诗论》的立论、阐释、评价,基本是审美的。这样,就使得较汉代《诗序》在时间上更早的先秦《诗论》文本,获得了显著的诗美学史地位。

再进入《诗论》和《诗小序》微观方面的具体比较。《邶风·柏舟》——《诗论》:"《邶·柏舟》,闷。"《诗序》:"《柏舟》,言仁而不遇也。卫顷公之时,仁人不遇,小人在侧。"《邶风·绿衣》——《诗论》:"《绿衣》之忧,思故人也。"《诗序》:"《绿衣》,卫庄姜伤己也。妾上僭,夫人失位而作是诗也。"《唐风·有杕之杜》——《诗论》:"《杕杜》,则情喜其至也。"《诗序》:"《杕杜》刺晋武公也。武公寡特,兼其宗族,而不求贤以自辅焉。"在一个引例平面上,其诗学性质差异一目了然,《诗论》是"体契诗心",《诗序》是"比德拟物"。然而,也有相同的地方。例如《小雅·巧言》——《诗论》:"言谗人之害也。"《诗序》:"刺幽王也。大夫伤于谗,故作是诗也。"不同之点,体现差异;相同之处,彰显联系,看出影响。

## 第三节　出土文物(文献)对中国美学史基本经验、原则的积淀和确定

出土文物(文献)与美学史具有近缘关系。这种近缘关系,实际上为实现一种深刻的现代学术转换方式构筑了有力的基础。集阐释、判断、评价于一身,既着眼于叙述,又立足于转化,实现出土文物(文献)与美学史亦即历史维度和审美维度的价值重构,具有审美的普适性。

现就出土文物（文献）对中国美学史早期的基本经验、原则的积淀和确定，择其要者，分述于下：

**审美心理。**从出土文物（文献）可以看出，中国审美主体的人的心理状态是早熟的，结构形式是完备的。郭店楚墓竹简《性自命出》对审美心理有完整的论说。一是描述了多种审美心理表现："凡忧思而后悲，凡乐而后忻，凡思之用心为甚。叹，思之方也。其声变，则（心从之）。其心变，则其声亦然。吟，游哀也。噪，游乐也。啾，游声（也）。呕，有心也。"一是纵向揭示了审美心理过程："喜斯陶，陶思奋，奋斯咏，咏斯犹，犹斯舞。舞，喜之终也。"而"愠斯忧，忧斯戚，戚斯叹，叹斯辟，辟斯踊。踊，愠之终也"。①虽说，先秦有手之舞之、足之蹈之的审美情态描述，但郭店楚简对喜、愠这一对立情感的审美过程性的揭示，却是始发原创。一是对审美心理表里内涵的揭示："凡至乐必悲，哭亦悲，皆至其情也。哀乐，其性情相近也，是故其心不远。哭之动心也，浸杀，其央恋恋如也，戚然以终。乐之动心也，濬深郁陶，其央则流如也悲，悠然以思。"②对悲喜、哀乐做同一性的分析，穿透心理外壳，直入情感本质，富于论述深度。

**造型造像。**中国的审美主体对形象艺术、造型美学，早就兴趣盎然、情有独钟，因此，在出土文物器皿上有独特的表征。以造型造像为目的，进而以形象性为基本的审美特征，形象美学遂成为中国美学的构成要素。所有的出土铜器都有形象，或都是形象，成为观念的形象载体。或是狞厉饕餮，或是雄奇螭龙，后来有变化，由想象中的物象，变为现实中的人物，但形象塑造，则一以贯之，审美主体对此一往情深。这是为中国美学意识最基本的感性需求所决定的。例如湖北江陵望山2号墓出土的骆驼铜人灯，包山大冢人擎华盖灯，甚至曾侯乙组合编钟还有两人分别头顶乐器的形象，长沙马王堆出土的楚帛画有人物驭龙图、人物龙凤图等。与艺术形象的刻画塑造同步，审美论说也多有表达，而且是中国美学史的早期论。《左传》记："昔夏之方有德也，远方图物，贡金九牧，铸鼎象物，百物而为之备，使民知神奸。故民入川泽山林，不逢不若。螭魅魍魉，莫能逢之，用能协于上下以承天休。"③中国的远古文

---

① 李零：《郭店楚简校读记》（增订本），中国人民大学出版社2007年版，第136、137页。
② 李零：《郭店楚简校读记》（增订本），中国人民大学出版社2007年版，第137页。
③ 朱东润选注：《左传选》，古典文学出版社1956年版，第92页。

化史以及美学史采用了一个重要的方式——铸鼎象物。也就是铸物记事、图形记言，从而奠定了其审美原则：表征性和表实性。最初的"铸鼎象物"，有特定用途、特殊含义，后来逐渐脱离具体方式、目的、对象，也就形成了更高、更有概括力的造型造像审美论。《周易》曰："观物取象。"六朝时谢赫有"六法""应物象形"。刘勰《文心雕龙·诠赋》曰："拟容象物。"于是，"形象性"成为一个普遍性的审美命题，获得了实践性品格，即从对象的外部面目切入，在形体结构、构图、造型、色彩等方面图形写貌。

**形神构建**。先从实例解读入手，这是一尊新出土的陶塑人像，却从源头上提供形神的审美范式。陶塑作者是在对人体部位透彻了解和观照后，是在对人体的表情及其连贯性、整体性的透彻了解和观照后，才进入创作的。不是孤立地处理某一个部位、某一种表情，而是通盘掌握，烂熟于心，所塑捏的对象不是自然的人、生理的人，而是情感的人、有情态的人。一句话，是审美的人。因此，所传送的是人的精、气、神。审美者塑造作为审美对象的人，就一步进入审美领域，也就凝结成以形传神的审美原则。这不仅适用于雕塑，而且适用于一切造型艺术，取得了最宽泛的审美意义和价值。以形写神、形似神似论绵延于整个中国美学史的全部过程，因为一开始的样本，就提供了最好的范例，做了最佳审美提示。

**形式意味**。形式通过概括、提升，略去了其他的表现和状态，趋向于凝练，富于形式感，但它附着或蕴含意味，遂成为有意味的形式。河南新郑出土的青铜器莲鹤方壶，在白鹤亮翅的雄姿中，透发昂奋的时代意识。湖北江陵出土的青铜器"虎座飞凤"，造型构图乃想象之品，虎形座上，站立凤凰，凤凰昂首，张喙，展翅，腾腾欲飞，正体现了奋发向上的楚文化精神。甘肃武威雷台墓出土汉代马踏飞燕的青铜器，构思极为奇妙。没有马、燕的构图组合和形式配置，马的速度便无法具象化地显示出来，关键是踩踏在飞燕身上，收到水涨船高的艺术效果。那是天马、神马才会有的，在其形象上寄托着现实品格，洋溢着大汉气象和一往无前的豪迈精神。

**线条抽象**。线条抽象是艺术净化，反映了审美意识的进化。例如出土的陶器造型各异，精致精细，告别粗糙，以简化形式为主，卷唇收腹。有些陶罐做圆底，釜形鼎腹径居于下部，有波形弦纹或瓦片形圈足。其纹饰自然、自由、流利、流畅、流动，既是对自然形态现象的模拟，又有着史前先民对于生活对象的感受，形成了对抽象装饰形式的审美意识。特别要提到的是波纹线性装饰。波纹线是先民所感受到和提炼的最熟悉和最生动的印象符号，形成了曲折的动感、美的形式感和鲜明的节奏韵律。折线表征审美节奏感，在圆形陶器皿上，折线、波线的装饰呈现与圆状陶器的器型的对比，极富美感和张力。

**色彩敏感**。新近出土的先秦漆器体现了当时人对色彩的高度敏感、兴趣和运用才能。漆器是先秦社会王室、贵族阶层的专用品，因此，制作工艺和色彩有很高水平。韩非《十过》中写道："尧禅天下，虞舜受之，作为食器，斩山木而财之，削锯修之迹，流漆墨其上，输之于宫，以为食器，诸侯以为益侈，国之不服者十三。舜禅天下，而传之于禹，禹作为祭器，墨染其外，而朱画其内，缦帛为茵，蒋席颇缘，觞酌有采，而樽俎有饰，此弥侈矣，而国之不服者三十三。夏后氏没，殷人受之，作为大路，而建九旒，食器雕琢，觞酌刻镂，四壁垩墀，茵席雕文，此弥侈矣，而国之不服者五十三。"①从韩非的话来看，漆器作为祭器、礼器、食器，随着时代不断演变，趋于精致、艳丽，色调浓郁，色彩浓重。长沙当阳赵巷出土的战国漆耳杯用红黑做底色（先秦漆器颜色一般都是如此，显示了对红与黑的色彩偏好），通过卓越的调配，巧为白色点缀，犹如夜空中星星忽闪忽动，进而由色彩引向广袤空间的深邃迷人。曾侯乙墓出土的五弦琴漆彩漆饰线条流利，纹理流丽。

涓涓细水汇为尾闾之泄，美学史确乎要有一个发展过程。被誉为中国风俗画之祖的《车马人物出行图》，却是出现在不起眼的湖北荆门包山楚墓出土的漆盒盖上，画面计有26个人物、10匹马、4辆车、2条狗、1头猪、9只雁、5棵柳树，各尽其致，鲜活如生。它昭示了绘画美学的历史走向和发展历程。如果没有先秦这样的风俗画雏形，又何来酒泉戈壁滩的系列性魏晋墓壁画，北宋张择端缤纷如云的中国风俗画之最《清明上河图》？

20世纪中国学人最重要的学术做法是盯住、跟踪出土文物（文献），眼睛向下，向着地下——地下资源。眼睛向下并结合向上，才会出现像王国维、罗振玉、唐兰、容庚、郭沫若等一批名实相副的国学大师，产生前引王国维的"二重证据法"、陈寅恪的"三类比较论"。这是具有世纪性质的学

---

① 韩非：《韩非子·十过篇》，见《诸子集成》（五），中华书局1954年版，第49页。

术经验和文化遗产。

中国美学史，借用司空图《二十四诗品》的话来说，是"真力弥满"。因而其品格就是动态的，处于不断更新变革的状态之中，只有这样，才能日新月异。变是美学史的规律，变才有美学史的生命和动力源泉，美学史绝非纸质发黄的讲义稿。"问渠那得清如许？为有源头活水来"，而出土文物（文献）作为重要管道，汩汩不休地为中国美学史输送了源头活水。出土文物（文献）对美学史的现成提法、结论，或证实，或补充，或否定。否定，恰恰是更新的先兆和表现，驱使研究者重新面对和考量已有的对象和结论，使得结论更接近于原初对象，是学术生命进化和活力的显示。

总之，出土文物（文献）是中国美学史的资源要素，是中国美学史的研究对象，特别需要指出，它不是辅助性对象，或主旨的旁证、印证性对象，而是直接性对象，即研究者直接借助实物和文字媒介，剥蕉见心，契入内核，进入本体，解读、评判，其研究的结果也就直接构成美学史的重要内容，它带来美学史的旺盛生机，保证其生命之树常青常新。

# 第五章　文化遗存与中国美学史

1973年，江苏省海安县沙岗公社青墩大队在开凿一条河道时，突然有惊天发现。从发掘出来的物器、物件来看，其丰富藏量令世人惊叹，其文化—美学含量则至为宏深。它可以独立命名为"青墩文化"。从青墩文化遗存典型个案可以探寻到前期中国美学史若干共同的重要特征。

## 第一节　仿石斧解读

青墩文化遗址有着中国文化中至今仍为独一无二的出土文物——有柄穿孔陶斧，即仿石斧。据纪仲庆《江苏海安青墩遗址》考古报告称："出土有柄穿孔陶斧一件，是按照实物仿制的，只是形体较小，泥质红陶制成，分柄和穿孔斧两部分，柄为椭圆形棒状，前粗后细，前端翘起，有浅槽可嵌入穿孔斧。槽后有三孔，可穿绳缚住穿孔斧使其固定在槽内。柄后端做半月形，并有三角形穿孔。这件有柄陶斧虽非实用工具，但为当时穿孔石斧的装柄方法，提供了实物证据。"陶斧是仿制原形，也就是仿制对象是石斧，陶、石并存，陶成为石的表征。青墩文化遗址中发掘有穿孔石斧，扁平长方形，偏上部钻一圆孔。从石斧和陶斧的连接性比照中，可以看出二者的相同之处。石斧磨制光平滑利，具有工艺性质的磨制水平。那么，有一个问题，青墩广袤范围内无山，无山则无石，其所制石斧的石料从何而来？而且石料有黄褐色和青黑色两大类，这是有待解释之谜。另外，石斧的色泽感、光滑感、造型特征令人猝然见之，疑是玉器制品。这就反映了青墩文化时代，石器不仅是生产工具，而且是按照先民们的文化——审美观念，作为工艺品来看待和打制的。今天人们在观照青墩石斧时就含有审美意味了。从实用性向工艺品进化，青墩文化处于这个转折时期，其历史地位便显而易见了。顺带提及，青墩遗址还出土有石锛，被考古专家认定为高级形态，成为中国东南区域新石器文化的特征之一。就石器而言，青墩文化已推进到高级阶段。

有柄石斧解说了人们需要解答而此前从未获得解决的一些具有根本性质的问题，诸如石斧的装置、使用方法等，诸如用长柄以形成力的有效使用等。石斧的基本使用、结构原理为以后漫长历史发展过程中的金属生产工具和冷兵器时代的战斧提供了原初性的基础和物理用力原理。有柄陶斧显示了中国生产工具发展史上极为重要的历史意义。在此以前和以后也出土过大量的石斧，揭示了石器时代的时代内涵，但只有斧头而无斧柄，以此来解说石器时代尚不够完全。有柄石斧的出土则使所有疑团雾释冰消，第一次提供了完全性的答案。

还值得研究的是，它是仿制品，"仿"使其进入文化——审美层面。陶仿石，模仿，体现了新石器时代进入晚期，一种器质、器品对另一种器质、器品模拟的历史性文化进化。模仿的目的是用于墓葬。不是实物而是仿制品，也就标示着墓葬文化的发展。"仿"就包含着对原件的逼真性要求，为解读原件的"文本"提供了坚实的基础。然而，"仿"又包含一定的模拟弹性系数。这柄陶斧体形较小，收缩了原物，显然是出于墓葬文化的需要，这便进入文化范畴。对原物加以缩小，比例恰当需要有很高的科学水平，甚至是视觉水平，而视觉感受是文化——审美感受的重要体现。作为仿制品的陶斧，表征着陶器动态的文化理解，获得了独立的文化——审美价值。

作为被仿制对象的原创形态石斧，也需要加以文化——审美解读。斧具共5孔，4为圆形或近圆形，1为三角形。它有着先民对图形的原始体认和理解，于是成为远古陶器图饰中的两大基本图形，在新石器时代的器物图形中得到车载斗量般的印证。至于圆形，更具有文化哲学意蕴。美国哲学家威尔赖特在《隐喻和现实》中说："在伟大的原型性象征中最富于哲学意义的也许就是圆圈及其最常见的意指性具象——轮子。从最初有记载的时代起，圆圈就被普遍认为是最完美的形象，这一方面是由于其简单的形式完整性，另一方面也由于赫拉克利特的金言所道出的原因：'在圆圈中开端和结尾是同一的。'当圆圈具象化为轮子时，便又获得了两种附加的特性：轮子有辐条，它还会转动。"在中国，圆被赋予了更广泛的文化意义和更深刻的蕴涵。斧柄的工艺审美水平在当时是极高的。它绝非粗糙地安装一个柄子，而显然有审美考量。它不是一种随便的取材，而是经过了加工，取棒形，且前粗后细，后部手握的部位又稍细一些，遂使它进入技术美学的层面。柄端偏偏不用圆形穿孔，而用三角形，出现三角形和圆形的对称呼应之势，有很深的审美考虑。它所代表的绝不是那个时代审美的一般水平，而是最高水平。

## 第二节　陶器解读

就陶器而言，基本是素色，亦即原色，但也有涂红色的，形成彩绘。器类齐备、器型多样，有鼎、鬶、杯、钵、盆、瓶、壶、豆等，具有新石器时代所有的陶皿器型。而所有器型浑厚圆成，夹砂陶中掺杂有蚌壳粉末，体现了它产生地的水乡地域特点。青墩陶器造型稳重而优美，线条简练而有机趣。例如带盖陶罐，形似鼎，出现组合性结构，中肥硕，具实用功能，而罐盖与罐之间在图形上构合为一个整体。中圆上凸，形成突出感和上升感。整个造型既很稳定，又富流变；既有实用性，又有审美感。陶钵口敞，3足底，造型舒展而开阔，体现了大胆而泼辣的制作工艺水平。又如敞口鼓腹陶罐，罐体主干腹部向四周鼓起，形成扁圆形状，显得饱满而又凝重。

对青墩遗址所出土的陶鬶需要加以单独的审美解读。器皿作红陶，造型下有3足，又开分布，从而形成大的稳定构建。整个陶鬶图形加以抽象化，便出现鬶嘴和鬶足拉线型的形状，极有运动感。鬶把稍大，但也恰与上翘的鬶嘴形成平衡性。造型于稳定中体现流变。陶形的多样化说明了陶器在实用之外已有了审美的因子。陶器的底座形体也各有不同，有圆形，还有3脚和5脚的。5脚的造型极美，显然经过了审美加工。其实用功能逐步退位，形式感渐次显著，留给人们以形式感的惊叹，并为青铜器的出现做了器型的前导，为整个造型艺术提供了高度形式美的范式。就造型的形象而言，它已摆脱了模仿，走向审美的想象性创造，例如3脚或是5脚陶器，现实世界中完全没有此类被模拟的对象，先民已在按照美的观念进行艺术创造。

关于青墩遗址中的陶器纹饰，有一件陶杯尤为引人注目。它便是5脚陶杯。上下两端均有纹饰图案，以两条圆周性凹线相配置，具有对称性的形式美感。每幅图案用浅凹线隔开，相对独立，大致相同中略有差异。可以看出，不是用现成的模子印上去的，因此，它不属于确定的印纹图案，显然是在制作陶胎时手工刻画的。图案审美的最大价值是线条的流变性质。这在新石器时代很难寻找到类似的图案，特别是线条。新石器时代其他地域的陶器，在图饰的图案上有许多惊人的成就。例如河南临汝阎村出土的仰韶文化的彩陶缸上的鹳鱼图，又如青海大通出土的舞蹈纹陶器皿，体现了彩陶文化图饰的形象性和具象化特征。其图案是写实的，它的审美成就在其形象感和所蕴含的文化象征意义，而非线条自身。而青墩遗址这一陶杯纹饰的审美价值恰恰是其线条感。线条之简洁可以说是达到了无法再省俭的地步，然而它有直线又有波线，形成彼此间的对比。波线的审美成就极高，流利、变幻、曲折，虽然只有几根线条，但是，运用得极为顺畅、流滑、熟练、洒脱，似乎是图画线条，又分明有音乐流动美感，这在新石器时代陶器艺术中十分罕见又十分突出。它在审美上的意义更在于线条的高度净化、高度提炼、高度抽象，代表了那个时代的先锋水平。它那曲直相衬的运动形式、空灵而具实的空间构造，创造了线的姿态、线的艺术、线的审美，终于经过积淀，形成后来中国的线的净化形式——书法艺术。在这一点上，它的文化史和美学史的原初性意义十分显著。

陶豆的构合图饰是圆和两个对角的等角三角形组合配置，构成反菱形，间隔使用，距离相当，显然经过了缜密擘画和艺术构思。如前所述，圆形和三角形是新石器时代陶器的基本纹饰，甘肃马家窑遗址中不少彩陶图案就是三角形，但那是纹饰，青墩遗址中则是镂空。另一陶豆也仍然是三角形和圆形交替配置，但三角形则改变了，只有一个，而且对三角做了变形化处理。又一陶豆则是钉子形和细针形交错排列，在简洁的线条和组合中显示出来，而另一陶豆针形线略粗，钉子形倒置过来。由此可以看出，青墩陶器的几何纹是变化多端、不拘一格的。

透过青墩遗址陶器形制和纹饰富于变化的特点，可以看出青墩先民的思维和精神。他们利用陶器的形制和纹饰表述对世界的体认和理解。他们以原始艺术显示出了丰富的文化—美学创造精神：敢为天下先的原始创造、活跃的思维、闪动的灵感。

青墩遗址出土有陶纺轮，用陶器表征当时简单的纺织加工情形和水平，从而表征了华夏纺织文化的初步形成，这可是起于青萍之末的信息。然而，陶纺轮八角形的纹饰和符识并非偶见，跟上海崧泽陶壶底、吴县澄湖黑陶罐、昆山绰墩陶纺轮有惊人的一致之处，跟安徽含山玉鸟纹饰、符识亦有一致之处。文博专家梁白泉在《陶纺轮·八角纹·滕花和花胜》高度称赏道："这些陶纺轮，不过是一些小小的、大不过盈寸的、用泥巴烧制成的东西。从它们的八角形刻纹开始，从这种类似图画、文字的符号里，却给我们后人透露出了至关重要的历史的、科学的、文明的、美学的信息。这些信息对于我们来说，无疑是一件石破天惊、振聋发聩的大事。"对这一八角形的文化含义有多种文化的解读，诸如太阳崇拜、河图洛书、夏姓族徽，等等。还有人认为是鱼的表征，其形状象征鱼头或鱼尾。远古的图形或符识隐藏着先民的文化、美学密码，人们完全可以从中做出自身的解读和阐释，也可以从另一视角体认，它是纺轮旋转形态的表征。在人们的视觉感受中，纺轮旋转时的形状就是八角形，而反转过来，因为是八角形，旋转起来便形成一个圆。圆心则是旋转轴心，围绕轴心旋转的八角就出现外围的圆形。圆无起点亦无端点，表征纺轮旋转的形态。它是根据视觉所做的图像表征和符识抽象，这是其文化意义。

就审美意义而言，表征和抽象是原始艺术的真实经验性品格。抽象便是提炼和超越，用图形和符识来体现，因而它是审美化的。就审美形式而言，陶纺轮形成了圆形和三角形的组合与配置，圆形和三角形对立的两极形态和形式。八角形以直线和曲线构置而成，它包纳了一个圆形，却又被外围的一个圆形所包纳。内圆心和外圆心形成了相类结构的对应，形成大圆向小圆的包围。两圆呼应，而三角形则与之出现对立与对比，二者之间出现了对立的和谐和稳定。这是极富于审美张力和平衡力的图形，奠定了原始的审美原理，由此，图形变成符号，出现积淀。

## 第三节　玉器解读

玉，体现了文化和美学的双重性质和格调。玉是良渚文化最重要的标志。考古新发现和新研究在学术界形成了一个重要的共识，这个共识就是《光明日报》1990年7月4日发表的《中国在石器和青铜器时代之间曾有一个玉器时代》文章所论述的那样，"中国在石器和青铜器、铁器之间还存在着一个玉器时代"，"这是中华文明起源的重要标志"，从而使"文明的演变在东亚有独特方式"。"玉器时代是中华文明起源时期的主要特征之一，玉的神化和灵物概念是玉器时代意识形态的核心，中华民族形成爱玉的民族心理亦根植于此。玉作为非实用性的生产工具和专用玉质礼仪制品，标志着以等级为核心的礼制的开始，象征着持有者的特殊权力和身份，它脱胎于不成文的习惯法，这正说明了玉器时代是中国文明的起源时代。而被神话了的玉一开始就将人世间的统治权力笼罩在神秘的套袍里，相信神的力量，信奉超越本身、超越现实可能的精神力量，在文明起源时代就在民族心理、民族意识上印下了胎记。"

玉器最早出现于七八千年之前，玉的分布范围北起燕山，西及陕西和长江上游地区，东到泰山周围的大汶口文化，南到广东，形成了新月形玉器文化圈。这一文化圈恰恰是以后以仁爱、中庸为核心的儒家哲学盛行的地区。《诗经·卫风·淇奥》："如切如磋，如琢如磨。"描述的是对玉的精加工。《诗经·秦风·渭阳》："我送舅氏，悠悠我思。何以赠之，琼瑰玉佩。"玉是美好，亦是晶莹圆润的象征物。一旦这种象征体具备了美好的性质，它就可能脱离原初的实用功能，被赋予文化精神涵质。先秦有以玉比德说，"冰清玉洁"成为人格范畴的概念。青墩玉器的文化含量多，审美水平高，它涉及玉的多种门类如琮、璧、璜等，又涉及玉的礼教和装饰功能。既有文化因子，又有美学因子。玉品表征了等级序次，则体现了社会的文明进步水平和意识。青墩玉器雕琢精细、精致，从而达到精美的审美层次。雕琢诚然是工艺技术，实际上表现为心灵的雕琢，是根据心灵的审美需要所做的加工。先民何以反复强调对玉的雕琢？就是表现审美的追求，是艺术审美的提升，是斫璞而得玉，从而成为审美理想的象征。于是在玉器上实现了人文精神和美学精神的统一。青墩玉器形态也仍然以圆形为主。玉琮的内圆是雕琢而空的圆，整体形状则为圆形。圆从本体上是太阳崇拜，是太阳形的实物化表征。圆是中国文化的极致性理想，积淀天圆的地理观念、玉圆的形式观念，一切都应圆满；即不能达，亦为心往，遂成理想。青墩遗址中有一个与前文所述八角形有别的陶纺轮，表面刻有三涡旋状纹，体现了圆的旋转状态，故富动感，正与玉的圆形在文化、审美形状上暗合，构成了相互的印证。

## 第四节 华夏文化—美学史的晨曦曙光

青墩遗址麋鹿角上刻纹的具体表征已引起文史界的瞩目。张政烺《试释周初青铜器铭文中的易卦》说道:"1979年江苏海安县青墩遗址发掘,出土骨角栖和鹿角枝上有易卦刻纹八个,例如三五三三六四(艮下、乾上、遁)、六二三五三一(兑下、震上、归妹)。其所使用的数目字有二、三、四,为前举三十二条考古材料所无,说明了它的原始性。这是长江下游新石器时代文化,无论其绝对年代早晚如何,在易卦发展史上应属早期形式,可以据此探寻易卦起源地点问题。"还有些学者也对此做出了研究和解读。鹿角刻画纹不只具有一般的装饰刻画意义,而是具有重大的易学史和文化史意义。它被确认为是占卜的筮数记录,用刻画在鹿角上的手段、方法,以刻画纹来表征记数符号。这些方法、手段、特征,表明它属于易学发展史的早期阶段,其中许多暗码需要深入解读。在文化史中,越是接近源头的事物、事象、物象,就越具有原始价值和文化含量。虽然对此所做的研究尚待深化,但其原始性存在地位是明白无误的。它体现了青墩遗址的文化渊源十分深厚悠长,青墩人的智慧和思维方式得到了极早的开发。

青墩遗址的石器与农耕文化(特别是稻作文化),陶器与饮食文化,骨器与象数文化之间的密切联系,体现了青墩先民所代表的当时文化的领先水平。青墩先民实现了在日常生活中实用性价值和审美性价值的剥离,不需要专门去制作什么审美器品,而是在很普通的日常用具中,产生出实用性价值和审美性价值的彼此消长和浓淡、盈缩。社会性实践是推动这一伟大的文化—美学史进步的原动力。于是,在一系列的物品上逐渐萌生与发展个体的原创精神、生活乐趣和审美情调。从实用性到审美性的演变历程,体现了美和美学史的发展规律。

青墩遗址出土器皿的线条流动性和精致的造型,体现了水文化的一般属性和特征,"仁者乐山,智者乐水",水文化是智慧性、技巧性文化,跟太湖地区的吴文化圈的审美格调是一致的。青墩遗址没有文化断层,体现了文化史的延续性。它代表了江淮地区原始文化的一个发展阶段,填补了新石器时代在长江下游地区的空白。

青墩遗址的出土文物以有形的载体承荷着大量无声的历史文化信息,有的已被人们所破译和解读,有的尚待认知。前面已稍带提及,这里要着重说的是，青墩遗址地处原隰地区，一马平川，既不产石，又不产玉，却生产了如此丰富、精美的石器、玉器，其石料、玉料从何而来？历史的疑问可以存而不答。但它却提示着一个重要的文化现象：青墩跟远近地区有着密切的往来，远古青墩是开放的。青墩遗址出土文物的原始和原创特征十分醒目，不是滞后、平行、重复的，而是领头、领先、领跑的，青墩先民是开拓的。诸如为学者所揭示并形成共识的有：第一，鹿角回旋镖作为狩猎工具在亚太地区是最早创造和使用的，为我国首次发现；第二，带柄穿孔陶斧为我国首次发现；第三，长江北岸五六千年前的"干栏式"建筑为我国首次发现；第四，鹿角刻纹是《易》起源的最早证明。以上不包括全部，其他还有几样。

可以说，青墩文化代表了当时中国文化的最高水平，居于最前沿位置。从青墩的文化遗存中，人们更直接、更亲切地感受到了《诗经》所描述的情景，或者说复原了的青墩遗存的情景，多和《诗经》相合。诸如"呦呦鹿鸣""鸢飞戾天，鱼跃于渊""鹤鸣九皋，声闻于天""南有嘉鱼，烝然罩罩""采采芣苢，薄言采之""四月维夏，六月徂暑""桑之未落，其叶沃若""之子于狩，言韔其弓"，等等。这是怎样的全幅动人的图画啊！《九歌·东君》言，"暾将出兮东方"，整个华夏文明在这片土地上洒下了一抹曙光和晨曦。

# 第六章　中国史学史与中国美学史

如果说对中国美学史与中国思想史所做的是关联—整合研究，那么中国美学史与中国史学史之研究则是寻根—建构研究。广义的中国史学史包纳了中国美学史，是其存活仓和生态场。探寻源远流长的中国史学史为中国美学史所提供的丰饶深厚的资源，揭示其在精神、思维、范畴、价值标准等层面上的转化情形和方式，从而建构成史学—美学范式，便成为一项新的研究命题。

## 第一节　史实之于美学史

传统的文史不分、哲美相混，未能形成独立形态、体制的美学和美学史。对它的称谓是近现代人按照西方美学观念从繁博的文化历史现象中剥离、分割、沏滤出来，进而加以学理化建构所形成的。传统思维的经验性特征使其审美理论因子作为潜质深埋在林林总总的资料源中。它们不是像西方那样以显性直接的形式出现，提供现成的理论结果和体系，如黑格尔《美学》、鲍桑葵《美学史》等。这样，研究中国美学比西方美学就多了一道工序——"学前"工序，即资料的采集、割存、归纳工序。这道工序既需要文献功夫，又需要审美眼力，才能使硕存的中国美学及其史的资料板块真正回归本原。

上述原因，使得中国美学及其史的资源存在呈现复杂现象。如《建构中国美学史的学科体系》所概括的多种形式就缺失了一个存在大项：史著、史论。史著、史论有着为别的形式所无法替代的丰富资源，同时因其存在形式的独特——存在于史学史中，其论述着眼点及其与之俱生的深度、厚度，也较其他存在形式，显示出别具一格的特色。

这方面的资料（指的是正史，尚不包括野史等）可谓车载斗量，触手即能拈出一例。凡中国美学史上杰出或成名的各门类美学家，史著均列传。记人为本位的中国史学以传为构成基石和框架，史传便是人传。对传主加以一生记述时，不仅记述其生平大概、典型事例，而且涉及其审美方面的行为、活动、言论、思想等。就知人论世而言，这些史料是第一手的；就美学家评传而言，所进行的评述和定位是权威性或经典性的。值得注意的是，它还成为某些美学史资料的直接或唯一来源。例如研究六朝美学史、研究谢灵运美学思想的那篇不可或缺的《〈山居赋〉序》，不是存在于别的文献中，而是取之于《宋书·谢灵运传》。该序在文体美学和言意范畴美学思想上均具有重大意义，成为六朝美学转型的重要标识。序文表达了向"京都宫观游猎声色之盛"的汉大赋的告别，转而形成"叙山野草木水石谷稼之事"的小赋。谢灵运提出"文体宜兼，以成其美"的审美理想，审美表达亦与之相应，"废张左之艳辞"，变为"寻台皓之深意"；审美对象上，"山居良有异乎市廛"，成为山水文学审美在六朝勃兴的显示；审美风格上，"顺从性情，敢率所乐"，从主体性情出发，"去饰取素"，回归本色。在言意范畴美学上，同时出现于《宋书·谢灵运传》的《山居赋》自注曰："但患言不尽意，万不写一耳。"该序亦说："意实言表，而书不尽，遗迹索意，托之有赏。"这是王弼与欧阳建言意哲学之争在美学上的产物，前连陆机《文赋》（"恒患意不称物，文不逮意"），后接刘勰《文心雕龙》（"方其搦翰，气倍辞前；暨乎篇成，半折心始"）。而谢灵运从自身的审美创作实践出发，结合自我经验的审美心得加以阐发，便更为切实。

史料不仅存在于叙述文字中，而且独特地体现在传序和传论之中，成为观照当时美学状况、思潮的窗口。所谓六朝文学走向自觉，其标志是美学。对此，不能不了解齐梁时的萧子显，了解萧子显就不能不了解他所撰《南齐书·文学传》的序和论。就序而言，一是主张文学审美活动需具自然性质，所谓"每有制作，特寡思功，须其自来，不以力构"。这和刘勰《文心雕龙·神思》所说的"秉心养术，无务苦虑"，《养气》所说的"率志委和，则理融而情畅"，在精神内涵上具有一致性，非常接近于创作审美的心态和学养，给后代特别是宋代苏轼的文理自然论以深远影响。二是对传统的物感型审美方式所做的诗性化解说和描述。"若乃登高目极，临水送归，风动春朝，月明秋夜，早雁初莺，开花落叶，有来斯应，每不能已也。"在褒衣大袖的正史撰述中，闪现这样一番诗情，令人眼目为之一亮，确实，只有用诗化语言才能解说诗的审美。这与钟嵘《〈诗品〉序》对物感型的解说，可谓出于同一机杼，出现史学与诗学在美学星空中的交相辉映。其文学传论有两大贡献：一是确定文学的根本性质："文章者，盖情性之风标，神明之律吕也。蕴思含毫，游心内运，放言落纸，气韵天成。莫不禀以生灵，迁乎爱嗜，机见殊门，赏悟纷杂。"其论述依据不是别的，而是审美。这成为六朝时把文学纳入美学，作为其自觉性的根本说明和体认。由此他认为，审美应是"事出神思，感召万象，变化不穷"。这与刘勰《文心雕龙》的神思论又是相合的。二是提出文学的审美进化观："习玩为理，事久则渎，在乎文章，弥患凡旧。若无新变，不能代雄。"这是中国文学美学史进化论的最响亮口号，求新求变是其内涵，亦是动力。此论回荡千余年，时至今日仍保持着新鲜的质地。

另外，史料价值还在于保存了美学论争的生态现场，例如六朝时的声律美学之争。其实际效应是确立了声律在美学中的地位、作用、功能；其影响为兴象与声律兼备的盛唐美学做了先声性准备和铺垫。论争的史料存在于《宋书》《南齐书》《梁书》以及《南史》之中。其中最重要的是《南齐书》所录存的《谢灵运传论》《与沈约书》《与陆厥书》。《梁书》本传载沈约"撰《四声谱》，以为在昔词人，累千载而不悟，而独得胸衿，穷其妙旨"。《宋书·谢灵运传论》中沈约称"自骚人以来，此秘未睹"，自炫得其声律之诀。但陆厥深持异议，便有前述《与沈约书》，随后则有沈约《与陆厥书》。陆厥认为，声律其实古已有之，只是未能重视罢了，并非"此秘未睹"，由沈约独得。陆厥所言，乃自然性声律；沈约所说，则是人为性声律，即经过规范加工整合的声律。沈约是针对文学审美中所存在的非声律现象提出问题的。《宋书·谢灵运传论》就指出："王褒、刘向、扬、班、崔、蔡之徒，异轨同奔，递相师祖。虽清辞丽曲，时发乎篇，而芜音累气，固亦多矣。"由沈约提出并经这场论争，便构制了在六朝以至中国美学史上具有重要价值和地位的永明体。这首先亦于史书得以传载。《南齐书·陆厥传》："时盛为文章，吴兴沈约、陈郡谢朓、琅邪王融以气类相推毂，汝南周颙善识声韵。约等文字皆用宫商，将平上去入四声，以此制韵，不可增减，世呼为永明体。"《梁书·庾肩吾传》："齐永明中，王融、谢朓、沈约文章始用四声，以为新变，至是转拘声韵，弥为丽靡，复逾往时。"具体内容也便如《宋书·谢灵运传论》所载，"夫五色相宣，八音协畅，由乎玄黄律吕，各适物宜，欲使宫羽相变，低昂互节，若前有浮声，则后须切响。一简之内，音韵尽殊；两句之中，轻重悉异。妙达此旨，始可言文"。这就极大地促进了格律诗在声律美学上的形成和发展。

史料的价值还在于为中国美学史存留了第一手资料，这对于研究和撰著美学史弥足珍贵。例如南朝范晔的《狱中与诸甥侄书》，不仅是范晔美学思想的集中体现，而且是中古美学史的经典文献。其一，首言文意为主的美学思想。范晔说："以意为主，以文传意。"纵观中国文学美学史，范晔之言是首论，此后才在唐代接其嗣响，杜牧《答庄充书》说："凡为文以意为主。"范晔理顺了意与文之间的主从关系，摆正了二者的位置，并且赋予"意"为"情志"的内涵，成为对文学审美特质的正确说明。其二，首分文、笔界限。文、笔之争是南朝文界的重大论争，其意义在于使文学从汉时文、笔相混或杂文学中剥离开来，独立成体，具备自家素质，即审美素质，这是六朝文学走向自觉的重大标识。范晔说："手笔差易，文不拘韵故也。"一句话就把文、笔的差异揭示出来了，其差异在韵，即有韵为文，无韵为笔，给其后刘勰《文心雕龙·总术》的相关结论以直接影响。由此可以看出，史实为美学史输送了足可征信的原始资源，史料具有直接性、唯一性和经典性。

史料对美学史的提供是全方位的，除文学美学外，绘画、书法、园林、建筑、服饰等诸门类美学均有所载。例如《晋书》《南史》关于书法美学，新旧《唐书》关于音乐、舞蹈、服饰美学，《宋史》关于百戏、体育美学，《明史》关于建筑、园林美学，等等，可谓史不绝书。中国美学史之九层之台起于史学史之垒土。

## 第二节 史撰之于美学史

史著如烟海浩渺，当然覆盖了文学、艺术和美学。这里要说的是史著撰写者的眼光、识见，其富于史学深度和特色的经验概括与理性思考，不仅其本身构合为美学史的涵蕴，而且其史家意识给美学史以深刻启迪意义。现以唐初的八部史著为案例，加以论说。

唐代隋，剪除各路义军后，出现了稳定意义上的统一。艰苦卓绝的战争和马上得天下的艰难使得唐的建国者极其珍惜既得利益，又极其重视历史经验的总结和接纳诤言。在这样的背景和现实目的催动下，孕育出唐初的史学热。唐初赫然出现八部史书：《晋书》《南史》《北史》《梁书》《陈书》《周书》《北齐书》《隋书》，在中国史学史上独得先例，光耀千古。唐初在修史、建史过程中把美学作为史的构成内容来看待，撰写者都是一批博古通今的史学家，因此，他们的论析和评价就带有史家意识、观念和视域特征。

**其一，宏通深邃的史家眼光**。对美学史的发展历程加以描述和评述，《北齐书·文苑传序》《隋书·文学传序》《隋书·经籍志集部序》《周书·王褒庾信传论》等，多有涉及。它们具有这样的特点：宏观扫描，上下数千年纵横贯通，具有强烈的史感。《隋书·经籍志集部序》描述了自屈宋以来至于齐梁，旁涉北齐、北魏的文体屡变过程。《周书·王褒庾信传论》则扣合作家和时代审美理想、审美风格，淋漓尽致，洋洋洒洒，可说是此前中国美学史长卷的缩影图，于描述中有评价，富有史家之风范。这种评述又是在社会、历史、文化背景下扣合时代风习进行的。《隋书·经籍志集部序》曰："永嘉已后，玄风既扇，辞多平淡，文寡风力。降及江东，不胜其弊。"这已成为对玄风与玄言诗关系论述的经典之论。史著是延续的，在这些论述中延伸了前代之论，例如《隋书·文学传序》说："自汉魏以来，迄乎晋宋，其体屡变，前哲论之详矣。"它便进一步下延到"暨永明天监之际，太和天保之间"，进行评述，形成了史的线索的连贯性。

虽然唐初史家在对历代美学史状况和文学家审美风貌评述时跟六朝美学史家所用的话语有所不同，对涉及对象所做的评价也不尽相类，但其审美视域和审美思维机制却多有相合之处。他们的审美视域是宏放的，从远古一路评述而来，纵深感、历史感极其强烈，这正是中国美学史之论述特色。他们的描述，包含审美价值、地位的评价，述中有评，结合时代风尚、习俗、社会和审美理想，展开评论，使个体审美风貌显现时代特质。评述时特别注重上述时代风习、审美理想的演变和这种演变所带来的审美个体状况的变化情形，而评述所运用的语词高度简括凝练。这些都体现了中国美学批评史的语境特点，唐初史家正是继承了六朝所形成的美学传统。中国美学理论史对此不可加以缺位性对待。

从隋代以来，在对齐梁文学美学进行清算时，往往把根源归结于屈原，这一美学思想一直延续到唐初"四杰"之一的王勃。他的祖父王通就曾声色俱厉地进行过这一批判。王勃《上吏部裴侍郎启》也写道："自微言既绝，斯文不振。屈宋导浇源于前，枚马张淫风于后。"《隋书·经籍志集部序》则对《楚辞》做了忠实的美学和美学史评述，不含偏见和偏激情绪。对于《楚辞》之成因，尤指出其"言己离别愁思，申抒其心"，触及抒情美学之本因，独到而深刻。又深入其文本，为《楚辞》做阐解，概括"其气质高丽，雅致清远"之审美特征，并高度评价其美学史地位——"后之文人，咸不能逮"，不可企及。这便纠偏了王勃等人的观点，使《楚辞》得到了恰当的定位。

**其二，把美学作为人文哲学范畴来看待**。在中国文化、哲学中人文跟自然相对举，人文观、自然观代表了对于社会、自然的两种不同的阐解及其方式。《晋书·文苑传序》《梁书·文学传序》《陈书·文学传序》《周书·王褒庾信传论》《北齐书·文苑传序》《隋书·经籍志集部序》《隋书·文学传序》都无一例外地对人文精神进行了论述，继承了易学的人文哲学观点。唐初以至整个唐代美学之所以有着强烈的人文精神，唐初史家所提供的理论准备不能不说是重要条件。

**其三，同时提出教化和审美的双重功能**。教化功能的提出仍然源于人文精神，而对美学现实效应的重视又具有唐初的理性特征。然而，在另一方面，唐初的史家又重视文学的审美功能。《隋书·文学传序》："离谗放逐之臣，涂穷后门之士，道辘轳而未遇，志郁抑而不申，愤激委约之中，飞文魏阙之下，奋迅泥滓，自致青云。"这样也就回归到文学是心灵抒发、"郁抑"伸展的审美命题上来了。《晋书·文苑传序》："夫赏好生于情，刚柔本于性。情之所适，发乎咏歌，而感召无象，风律殊制。"《北齐书·文苑传序》："文之所起，情发于中。"《周书·王褒庾信传论》："原夫文章之作，本乎情性，覃思则变化无方，形言则条流遂广。"这又是对两晋、南朝美学思想的承续，即认为情为文之根本，为审美之基因。

**其四，恰当而有分寸的史学评判。**跟隋代李谔、王通一笔摺倒六朝美学的简单粗暴做法不同的是，唐初史家对六朝美学的不同内涵加以区分，对不同时期的美学品格进行界定。例如《隋书·经籍志集部序》所描述的晋代以降的美学状况，就包含区别性的评价态度："爰逮晋氏，见称潘陆，并黼藻相辉，宫商间起。清辞润乎金石，精义薄乎云天。永嘉已后，玄风既扇，辞多平淡，文寡风力。降及江东，不胜其弊。宋齐之世，下逮梁初，灵运高致之奇，延年错综之美，谢玄晖之藻丽，沈休文之富溢，辉焕斌蔚，辞义可观。"这里所进行的阶段性美学史评估，其出发点不是理性和功利，而是美的感性要求和特征。对具体诗人谢灵运、颜延之、谢朓、沈约的评价也持同一审美标准。

唐初史家对南朝美学的评价以梁大同（535—546）为界，并非对前后代一概而论。对这以前的作家、作品审美评价较高，对此后以萧纲、徐陵等为代表的作家、作品批评较切。《隋书·文学传序》说："梁自大同之后，雅道沦缺，渐乖典则，争驰新巧。简文、湘东，启其淫放；徐陵、庾信，分路扬镳。其意浅而繁，其文匿而彩，词尚轻险，情多哀思。"其他如《隋书·经籍志集部序》《北齐书·文苑传序》《周书·王褒庾信传论》也是如此。这种阶段性的美学史评价便坚持了对美学史现象的具体分析，给予了恰当的史的定位。

**其五，博融的审美理想。**唐初史家经过吸收参化，提出了如下的审美理想：一是和而能壮，丽而能典。《周书·王褒庾信传论》认为，虽然诗赋与奏议、铭诔与书论之间多有区别，但"撮其指要"，却有共同点，即"以气为主，以文传意"，这是对曹丕、范晔美学思想的运用。"摭六经、百氏之英华，探屈宋卿云之秘奥，其调也尚远，其旨也在深，其理也贵当，其辞也欲巧。"其最终要求是："文质因其宜，繁约适其变……权衡轻重，斟酌古今，和而能壮，丽而能典，焕乎若五色之成章，纷乎犹八音之繁会。"二是"文质斌斌"，尽善尽美。《隋书·文学传序》说："然彼此好尚，互有异同。江左宫商发越，贵于清绮；河朔词义贞刚，重乎气质。气质则理胜其词，清绮则文过其意。理深者便于时用，文华者宜于咏歌。此其南北词人得失之大较也。若能掇彼清音，简兹累句，各去所短，合其两长，则文质斌斌，尽善尽美矣。"这里有着鲜明的文化地理学色彩，时至今日，仍被论者所广泛引用。三是汇合前代，结合当代。唐初所建立的审美标准既不同于南朝的轻靡，但又吸收了南朝美学重感性的因子；既不同于隋代的质木，但又吸收了隋代美学重理性的因子。可以说是熔铸前代之所长，避其所短，并结合唐初的社会思潮、审美理想的需要所建立起来的。它从一开始就奠定了唐人对待美学遗产的态度——宽厚、大度。这是唐人的宝贵之处，也是其伟大之处，同时也是唐人能成就中国美学更大辉煌之原因所在。四是融化南北，铸造新机。南北美学因各种文化条件而产生差异，出现格调、风貌的不同，但南北美学的交流、融合又是必然趋势，而它最终是由南地迁至北方之精英文人所完成。南方美学的精细、雅致、文采融合了北方的朴野、刚健、质实，从中可以看出南方美学的张力和渗透力。南、北美学之融合又应以国土、政局的统一为前提，隋代美学在当时形势下初步实现此融合，而唐初史家又在新的背景下提出进一步要求，并且使其进一步得以实现。

史撰不是史料的罗织、记忆的遗存，追思逝去的历史背景，它应有史撰者的视域、识见，即史学的通行语——史识。灌注对史象的评价、判断，强化叙述立场，在现场与历程，即共时态与历时态的结合中，表明和体现撰写者的理念和姿态。这是史撰中的思想光辉，给中国美学史的撰写以深刻启迪。

## 第三节　史论之于美学史

中国史学史之双翼为史著和史论。唐代刘知幾的《史通》是第一部史论著作。此著上、下篇二十卷，对前代史著做了评述，就如何撰史，提出了许多弥足珍贵的见解。《自叙》陈说借鉴刘勰《文心雕龙》而著《史通》，虽然一者论文，一者论史，但也从中看出文史互构的性质和特点。清人黄叔琳《史通训诂补序》认为，《史通》"允与刘彦和之《雕龙》相匹"。

《史通》顾名思义是言史，又何以关乎文呢？刘知幾在《自叙》中表述道："词人属文，其体非一，譬甘辛殊味，丹素异彩，后来祖述，识殊圆通，家有诋诃，人相掎摭，故刘勰《文心》生焉。若《史通》之为书也，盖伤当时载笔之士，其道不纯，思欲辨其指归，殚其体统。夫其书虽以史为主,而余波所及,上穷王道,下揽人伦,总括万殊,包吞千有,自《法言》已降,迄于《文心》而往,以纳诸胸中,曾不蒂芥者矣。"以史为主,兼及于文,或者说是以史家眼光看文,这是《史通》的一个重要视点。

史著有其特定的叙述行为方式,刘知幾在《史通·叙事》中说:"史之称美者,以叙事为先。"其具体要求是:"文而不丽,质而非野……辩而不华,质而不俚。"体现了中和、折中、平衡的观念。而最能代表这种中和之美的是《左传》。《杂说》云:"左氏之叙事也,述行师则簿领盈视,叱咤沸腾;论备火则区分在目,修饰峻整;言胜捷则收获都尽,记奔败则披靡横前;申盟誓则慷慨有余,称谲诈则欺诬可见;谈恩惠则煦如春日,纪严切则凛若秋霜;叙兴邦则滋味无量,陈亡国则凄凉可悯。或腴辞润简牍,或美句入咏歌,跌宕而不群,纵横而自得。若斯才者,殆将工侔造化,思涉鬼神,著述罕闻,古今卓绝。"刘知幾对《左传》所做的叙事特征评价中又贯串审美评定。以《左传》为范式,刘知幾的史学叙事观表现出鲜明的色彩和特征。

《史通》对中国美学影响最为直接和最有价值的是小说美学。班固《汉书·艺文志》第一次对小说概念做了这样的界定:"小说家者流,盖出于稗官,街谈巷语,道听涂说者之所造也。"东汉以降经过魏晋,小说创作取得很大成就,出现了志人、志怪两大小说系统,但小说美学理论鲜有发展,对小说概念的界定仍未脱《汉书·艺文志》,直到刘知幾的《史通》才有重大突破。其《杂述》篇写道:

> 在昔三坟五典,《春秋》《梼杌》,即上代帝王之书,中古诸侯之记,行诸历代,以为格言。其余外传,则神农尝药,厥有《本草》;夏禹敷土,实著《山经》;《世本》辨姓,著自周室;《家语》载言,传诸孔氏。是知偏纪小说,自成一家,而能与正史参行,其所由来尚矣。

刘知幾认为小说"自成一家,而能与正史参行",对于提高小说的史的地位有着极大的作用。他对小说进行分类,不是大而化之,而是细加榷论,这又显示了他对于小说研究的深入。"爰及近古,斯道渐烦,史氏流别,殊途并骛,榷而为论,其流有十焉:一曰偏记,二曰小录,三曰逸事,四曰琐言,五曰郡书,六曰家史,七曰别传,八曰杂记,九曰地理,十曰都邑簿"。对十大类别,刘知幾又进行细致阐解、说明,都有规定的内容和特征。在具体阐释中，刘知幾仍坚持他那实录原则，这便使中国小说美学形成了现实性的审美品格。另外，刘知幾坚持了小说的审美品位，要求小说有"雅言"，摒弃"鄙朴"。"大抵偏记、小录之书，皆记即日当时之事，求诸国史，最为实录，然皆言多鄙朴，事罕圆备，终不能成其不刊，永播来叶，徒为后生作者，削稿之资焉。"这样，便推进了小说审美的雅化发展，可以说，唐人传奇就是这种小说审美雅化的体现，其美学史贡献十分显著。

作为跟刘知幾《史通》相辉映的中国史论双子星座之一的清代章学诚《文史通义》，其书题就彰显了将文史打通的学术意图，从而更接近于史学—美学的构建。其内容主要有以下几点：

**其一，意象论。** 章学诚史论中的意象论，最富于美学和美学史论色彩，是其史学—美学的核心，现今的中国美学史研究无不奉此论为圭臬。首先，勾连了象论与传统诗学比兴论的联系，这是一项新的发现，也是章学诚贯通性思维的产物。《易教》说："战国之文，深于比兴，即其深于取象也。"比兴与取象具有内在的一致性，比兴借助于形象，是形象间的内连性结构方式，于是"深于比兴"，就是"深于取象"。他认为："《易》象虽包六艺，与《诗》之比兴，尤为表里。"这就触及审美意象即形象为基点的论述层面，见解十分卓越。其次，在总体确定象的基础上对象加以分解。他认为："万事万物，当其自静而动，形迹未彰而象见矣。故道不可见，人求道而恍若有见者，皆其象也。"象是可形可名的，并且处于变动状态中，人们可以循象而觅道。这就把人的认识包括审美认识建筑在取象的基点上。然后，他分解象为"天地自然之象"和"人心营构之象"。前者为物象，客体存在之象，"天地自然之象，《说卦》为天为圜诸条，约略足以尽之"。"人心营构之象"则是通常所说的意象。他具体解释道："人心营构之象，睽车之载鬼，翰音之登天，意之所至，无不可也。"意有着极大的主体能动性质，寻象立意，就把审美回归到人心及其意上，是知、情、意的自由性主体活动。这样，也就具备了审美认知论的色彩。他说："然而心虚用灵，人累于天地之间，不能不受阴阳之消息。心之营构，则情之变异为之也。情之变易，感于人世之接构，而乘于阴阳倚伏为之也。""人心营构"就是对客体——象的主体感应和内化，这样也就说明了审美的思维活动及其表现过程。他以佛教中的象为例，指出将其定格为"造作诳诬以惑世"之论的谬误，认为"阎摩变相，皆即人心营构之象"。与之同时，他认为："人心营构之象，亦出天地自然之象。"重视人心，但不玄虚凌空，"营构之象"最终来自"自然之象"，意象便是主客体的融合性产物，这是他审美论的归结点。最后，扩大了象的存在空间。传统之论，以《易》论象。《系辞》中说："圣人有以见天下之赜，而拟诸其形容，象其物宜，是故谓之象。"而章学诚认为："象之所包广矣，非徒《易》而已，六艺莫不兼之。"这就拓展了象的外延。

**其二，"十弊"论**。章学诚在《文史通义·古文十弊》中指出十类通病："剜肉为疮""八面求圆""削趾适屦""私署头衔""不达时势""同里铭旌""画蛇添足""优伶演剧""井底天文""误学邯郸"。虽是就史传而言，虽是言史学之论，但因其基本思想是求实性，因此，于美学原理亦相通。

**其三，个体论**。章学诚虽讲"通"，但不忽视"偏"，这是他甚为了不起之处。讲"偏"是讲个体性，强调个体的存在。他在《文史通义·所见》中以燕、赵、吴、越美学为例。"人情珍其所罕"，求异、追寻新鲜的审美欣赏心理趋向，使得"燕艺游吴门而声增十倍，吴伶至燕市而贾重连城"。为求"通"、求"相济"，"燕人自雄其歌，而欲得吴舞以和其节；吴人自媚其舞，而欲得燕歌以壮其观"，就形成美的交融和丰富。但是，走向另一面，"吴人至燕，舍其吴胜而强学燕歌以求合于燕；燕人至吴，舍其燕奇而强学吴舞以求合于吴"，就是"强己所短而非效人所长"，放弃了自己的长处，效法别人的短处，结果泯没和消解了自己的长处。他认为"但学求同于己，而非欲取济于人"的提法是一种错误的美学观。这是他对"和而不同"的传统美学观的新运用和新发挥。求异，"擅其偏"，个体性、特殊性是美学存在的基点和生命。这一美学思想无疑是杰出的，至今仍保持其光辉。

史论除专门的论著、论文外，还有传序和传论需要提及。它们不仅有前述提供史实的功能，而且其本身就是史论的存在形式。一般而言，序是对全传所做的提挈，但又不是内容提要，而是给以总体揭示和评价，概括性和历史纵深感强。论是对传主或作传对象所进行的论说和评判，渗透着史撰者的立场、观念，思想色彩浓，其例难以尽述。序、论的共同之处在于高屋建瓴，话语姿态宏远，均属于史论范畴。其史论中的历史感和学理性特别显著。尤其是"文苑""文艺""文学"等传的序、论，跟美学的关系更为密切，有些直接是就美学而言的。例如《新唐书·文艺传序》概括了"唐有天下三百年，文章无虑三变"的状况，并将其划分为三个阶段，其依据是文学风尚和美学思潮。对各类别作家加以归类，其内在尺度是思想和审美倾向。三百年历史概括得了了分明，文辞简洁而有论述深度。《宋史·文苑传序》着眼于社会风气，从中寻绎出宋代美学史的演变轨迹，眼界宽又看得深。从世风看文风，复从文风观世风："南渡文气，不及东都，岂不足以观世变欤！"堪为不刊之论。《明史·文苑传序》放眼有明一代文学、美学的演化历程。明代美学思潮更迭频繁，表现复杂，但短短一序，却概述无遗。"于斯一变""又一变"，立足于变，在动态中考察，既切合实际，又抓住美学史之症结。非有通盘之把握，则不能得此精当之结论。有些序、论本身就很漂亮，如范晔《后汉书》的《逸民传论》《耿恭传论》《宦官传论》等，既是史论，又是美文。

诚然史论论史，但在论析和阐述中运用或联结美学，能为美学提供一般性原理，或能解析美学的众多现象，厘清美学史的发展脉络，揭示美学史的演变规律，这便为史学—美学的构建打开了通道。

## 第四节 史传之于美学史

历史不是古朴实事的原始记载和刻录，而是以人物及其活动为中心的当时描述，因此，在实际上是人物传记。人物传记后来发展成独立散文样式，兼备史、文双重品格。小说叙述行为方式首先来自史著，跟它最初作为稗官小说存在的渊源相关。中国史著一直规避着对历史现象简单枯燥的记述，在形成历史事实的文字化、书写化过程中，产生了一种基本范式，从一开始就规范了中国小说的叙事方式。这是史传和小说美学会通的基础。

跟先秦诸子散文并峙在中国文学史上的，是以《左传》为代表的史传散文。《左传》虽是一部编年史，但记述的中心是人，如《郑伯克段于鄢》《重耳出亡》等，人事并举，事中记人。史实因素虽重，但刻画的传神却具备了文学审美素质。初始形成的审美结构形态，作为经验，对应了民族的传统心理，又奠定了基础，培植了世代相传的经验体。作为一种形态、氛围，它影响了后来的《史记》《汉书》《后汉书》《资治通鉴》等标准型史著，也影响了传记式散文，如清代邵长蘅《阎典史传》、汪琬《江天一传》、方苞《左忠毅公逸事》等；还如水渗透般地影响着魏晋小说，唐人传奇，宋元话本……以至一些选本——对同一题目的作品，或选入散文，或编进小说。貌似混乱的现象，不是说明了人们文体观念的模糊，而是说明了中国文史相通、史传与小说审美因素相互渗透的特殊现象。

全知视角是历史传记的最大特点，故对传记散文的影响也最大。它表现出叙述者无所不在、无所不知的全知特点，这实在是来自史传为人立传的叙述行为。为人立传的传记本身就显示出叙述者的姿态：知悉对象的一切，评判传主的是非功过，兼具鸟瞰宏观世界和细察微观细件的多重功能特质。在空间方位上，叙述者能够捕捉并显露传主的身世历程以至逸闻、隐私，因而，在空间视角的处理上表现得绰有余裕。这样，大致形成了传记散文叙述视角的基本特征。

小说与历史传记的发展关系，经历了一个过程。打一个比喻，如同嫁接在母枝上，魏晋小说是萌芽，接受母枝的营养要更多一些，唐代传奇就相对少一些，至宋元话本则成为独立分枝。魏晋志人小说，记真人，述逸事，叙述视角以一人为中心，以其事为半径，画出一个封闭式或半封闭式的圆形，人随事俱来，亦随事俱讫。逸事多采传闻，名为小说，视为传记亦无不可。唐人传奇开始了小说自觉的审美行为，留存着从史传向小说演化的轨迹。一方面传统的叙述视角模式沉积其中，如《长恨歌传》《李娃传》《莺莺传》《任氏传》《霍小玉传》等，以一人为中心，次第展开。另一方面，言之凿凿，记为真人，但所述却是假事，如白行简《李娃传》尾端交代人事的来龙去脉，令人信之不疑，但其间所述之事，却多有增饰，以扩其波澜。至于《柳毅传》《南柯太守传》等，真幻交织，完全突破时空限制，神异莫测，更导向小说，并对后代的《聊斋志异》产生了巨大影响。到了宋元话本，这种审美素质更得到加强。罗烨《醉翁谈录》概括了当时说书艺术的特点："讲论处不滞搭，不絮烦；敷演处有规模，有收拾；冷淡处提掇得有家数；热闹处敷演得越久长。"显然是把传统史传踵事增华的方式加以发展，并愈来愈接近于小说。至于《三国演义》则把这种发展臻于完善地步：在叙述视角时空处理上，在结构组合方式上都是基于史，而又有所摆脱。突出例证有对曹操出场、杨修之死的描述，大大突破了史传的时空顺延性和凝固性，更趋于灵动多变。毛宗岗曾在《读〈三国志〉法》中指出，《三国演义》"合本纪、世家、列传而总成一篇"，触及小说审美的整体性特点。毛宗岗又说："后人合《左传》《国语》而为《列国志》，因国事多烦，其段落处，到底不能贯串。今《三国演义》，自首至尾，读之无一处可断。"这又触及小说不同于分段、分国的史著而具备有机性的审美特点。在时间的方位、空间的坐标上，《三国演义》虽是"演义""三国"，但更具备小说的结构形态。《三国演义》虽史有其人，但其事却真真假假、虚虚实实。把"实录其事""虚资增饰"的史传这两方面特点分别加以延伸，在继承中扬弃，产生出小说所独有的审美素质。延及"金瓶""红楼"，虽非本于史传，但曹雪芹所明言的"实录其事"，却有着史、文在一般精神上的会通因素，由史传所奠定的传统意识输入到了纯文学领域。

说书人或小说家的议论插入，体现了史传渊源。《史记》有"太史公曰"，唐传奇沿用史传体式写小说。例如李公佐《南柯太守传》篇末之论，"前华州参军李肇"之"赞"。《三国演义》有"史官诗赞"，完全以史官身份发表议论。《聊斋志异》400多篇，其中近200篇篇末有"异史氏曰"。何彤文《注聊斋志异序》说："至其每篇后异史氏曰一段，则直与太史公列传神与古会，登其堂而入其室。"赞、论式述评，在史传中表现出撰者的史学观，是对传主的历史功过评价和价值判断。像《史记》一类史传，可谓始于记事而终于议论，全知视角的特点更为显著，总是显示出史撰者的无所不在。小说家对于此，是一般叙述方式、体制上的继承，在运用方法上则有变化——《史记》在篇末，小说或在开头，或在结尾，有的甚或在中间。运用方法的变化，导致多功能性——具备了史传对人物、事件评判的功能；交代了作传缘起，例如白行简《李娃传》。一些传记小说特别交代素材来源足可征信，又沉淀着史学家的实录意识。不管小说本身与信史有多大距离，但小说家总要像历史学家一样言之凿凿，明其不诬。从小说本身的结构属性看，大有蛇足之嫌，但从体式联系上看，则明显受到史传影响。有的篇末论赞还表述了作者的小说观，如《任氏传》写道："必能粲变化之理，察神人之际，著文章之美，传要妙之情，不止于赏玩风态而已。"其论代表了唐传奇的一个十分重要的小说观念。有的篇末论、赞则成为小说家个人的感慨的发抒，主体的个体性更为强烈，例如《聊斋志异》的"异史氏曰"，有着蒲松龄个人孤愤之情的存在。另外，它脱离史传，灵活地与小说的审美性质相结合，产生了独特的审美间离效果，亦即入乎其中而出乎其外。由人物、事件的叙述突然跳进小说家的议论抑或说书人的评议，给作者与故事之间造成疏离，形成作者与读者之间的交流。这没有截断故事本身的完整机体，而是造成艺术的短暂间歇，使得读者或者听众有片刻的回旋余地，领略其中的审美意蕴，得到审美满足。在疏离之外的另一侧面是作者与读者的交流——共同对故事、人物进行评判，作者与读者之间的距离显然缩短了。中国古典小说家心目中有读者，而读者又有一个稳定的群体，其原因大致在此。

这些现象的形成有其深刻原因。正宗的史书乃史官所为，小说则是稗官所操末业。这种未分化的现象形成小说与史传之间的天然联系。唐传奇中凡是记人的小说均署为传名，这与《史记》《汉书》之传又何其相似乃尔。《四库全书总目提要》史部传记类按语认为："传记者，总名也。类而别之，则叙一人之始末者为传之属，叙一事之始末者为记之属。"可见，传以记述人为本位，遂构成史传与小说的同一性，连后来的长篇大著也有命名为传的，如《水浒全传》。该小说的"武十回""宋十回"，集中一定数目章回展示一个具体人物的遭遇、生活历程，形成了性格的独立生命。人物在被撰述的过程中，性格生机盎然；撰述过后，人物的性格生命也就终结，例如林冲。这是"叙一人之始末者为传之属"的特点亦是弱点，形成传体的正负值。罗贯中对人物抑扬的审美评价内核则是其历史观。《儒林外史》不管怎么"外"，终究还是"史"，对史的依附是何等难以摆脱。在小说的假想性判断中总有着史的如影随形，可以看到史的模式影响之深。当它形成一种文化意态后，总是不期然地左右着小说家的审美行为，甚或故意用史传装潢门面，以显性的方式来适应这种文化意态。

在审美理论上，宋末的刘辰翁是把史传与小说联结起来的第一人，即把史传视为小说，这在文体美学上是一个重要突破。例如他评《史记·司马相如列传》就直截了当地说："是一段小说。"他在具体的史传评点中，其对人物、情节的评述着眼点，甚至是话语，都用的小说家言。这就从论述系统上进一步实现了史传与小说的连接。

## 第五节　史学—美学之范式建构

中国史学史与中国美学史之间需要加以整合，整合后建构为史学—美学，犹如哲学—美学、艺术—美学、文学—美学等一样，是一种范式，然而又有自身独特的形态和内涵。它是从下述几方面实现和完成的：

**审美发生学**。创作作为实践活动和行为方式是如何发生的？司马迁《报任少卿书》曰：

> 文王拘而演《周易》；仲尼厄而作《春秋》；屈原放逐，乃赋《离骚》；左丘失明，厥有《国语》；孙子膑脚，兵法修列；不韦迁蜀，世传《吕览》；韩非囚秦，《说难》《孤愤》；《诗》三百篇，大抵圣贤发愤之所为作也。此人皆意有所郁结，不得通其道，故述往事，思来者。乃如左丘无目，孙子断足，终不可用，退而论书策以舒其愤，思垂空文以自见。

这便是著名的发愤著史、发愤著书论。司马迁将其说引进文学领域，在《屈原贾生列传》中对《离骚》做了这样的解读："离骚者，犹离忧也……屈平正道直行，竭忠尽智，以事其君。谗人间之，可谓穷矣。信而见疑，忠而被谤，能无怨乎？屈平之作《离骚》，盖自怨生也。"始于史学，再植入美学，发愤抒情便成为中国美学最具民族色彩的审美发生论。在以后的史学上，唐代令狐德棻《周书·王褒庾信传论》做了相近的阐发："逐臣屈平，作《离骚》以叙志。"在美学上，钟嵘、白居易、韩愈、梅尧臣、欧阳修、苏轼、黄庭坚、刘克庄一直到清代黄宗羲、王夫之、贺贻孙、蒲松龄、陈廷焯等人，都一脉相承了这一思想，并演化为"不平则鸣""诗穷而后工""孤愤寄托"等审美命题。金圣叹批点《水浒传》第六回以直截了当的话语说："发愤作书之故。"第十八回又批点道："怨毒著书，史迁不免，于稗官又奚责焉。"这些都是说明审美是主体心态、情绪释放的本体性审美发生论。

**史学—美学精神**。中国史学精神作为深切的精神文化体验孕育了中国美学精神之硬核，如宋代史学所赞颂和弘扬的淑世精神。《宋史·忠义传序》："士大夫忠义之气，至于五季，变化殆尽。宋之初兴，范质、王溥，犹有余憾，况其他哉！艺祖首褒韩通，次表卫融，足示意向。厥后西北疆场之臣，勇于死敌，往往无惧。真仁之世，田锡、王禹偁、范仲淹、欧阳修、唐介诸贤，以直言谠论倡于朝，于是中外缙绅知以名节相高、廉耻相尚，尽去五季之陋矣。故靖康之变，志士投袂，起而勤王，临难不屈，所在有之。及宋之亡，忠节相望，班班可书。"这种精神滋养了美学，宋人士风特别富于节气，如范仲淹、欧阳修等人。宋人建立了新的士节观，欧阳修《论杜衍、范仲淹等罢政事状》:"士不忘身不为忠。"《与高司谏》:"士有死不失义。"重士气、名节,才会出现辛弃疾、文天祥、郑思肖等爱国志士,以诗、词、画等审美形式畅达其精神。其审美内核有史学精神、凛然节气,遂使审美风骨如铁城铜垣,壁立千仞。于是,冲决原有的审美格局,改变五代以来词风帘翠幕、浅吟低唱的意象,出现天风海雨般的格调;改变词的固有风味,甚至改变文体美学属性,形成呐喊呼叫的抗战文艺、抗战词。在绘画美学领域则将原有的满幅型山水画卷,变为有隐喻意味的残山剩水。

**审美原则**。史学所述所论,转化和凝定成审美的一般原则,例如园林美学上的"壶中天地""须弥芥子"论。《后汉书·费长房传》记壶中天地,曰:"(费长房)曾为市掾,市中有老翁卖药,悬一壶于肆头,及市罢,辄跳入壶中,市人莫之见,唯长房于楼上睹之,异焉。因往再拜奉酒脯。翁知长房之意其神也,谓之曰:'子明日可更来。'长房旦日复诣翁,翁乃与俱入壶中,唯见玉堂严丽,旨酒甘肴盈衍其中。"这虽于信史无征,却奠定了中国园林美学的根本原则:庾信《小园赋》:"一壶之中,壶公有容身之地。"白居易《酬吴七见寄》:"竹药闭深院,琴樽开小轩。谁知市南地,转作壶中天。"刘凤诰《个园记》有言:"以其目营心构之所得,不出户而壶天自春。"又如"须弥芥子",也出自史书。《北齐书·樊逊传》曰:"法王自在,变化无穷,置世界于微尘,纳须弥于黍米。""须弥芥子"跟"壶中天地"同样成为中国园林美学的根本原则。清代李渔所建园林以"芥子"命名。其《芥子园杂联序》说:"此余金陵别业也。地止一丘,故名芥子,状其微也。往来诸公见其稍具丘壑,谓取芥子纳须弥之义。"这里有着中国美学家宇宙观在园林构建中的意识沉淀和体现。

**叙事学**。中国史学在根本上是叙事学,对中国美学中的叙事类审美产生了深刻影响。第一点是形成了叙事规范。首先是"征实",这是一个具有传统色彩的命题,既"不虚美",也"不隐恶",秉笔直书,如实叙述。真实性是对历史学的本体性要求。刘知幾《史通·直书》说:"直书其事,不掩其瑕。"真实性是良史所应具备的基本要素。真实性引入美学,遂成为审美的基本要求,正因为如此,才引发了明、清二代关于历史小说真实性的论争。《三国志通俗演义》最初版本的一序、一引,即庸愚子(蒋大器)之序、修髯子(张尚德)之引启开了论争之端绪。一派是张尚德、林瀚、甄伟、陈继儒、余象斗、可观道人、蔡元放、许宝善等人,其理论主张是恪守正史，把历史小说视为"正史之补"。一派是蒋大器、袁于令、熊大木、李大年、酉阳野史、金丰等人，其理论主张是在重视历史小说忠实于历史真实的前提下，要有必要的审美加工和虚构。不管两派论述分歧有多大，真实性作为前提，却是共同遵守的。真实性的另一层含义是接近于对象。章学诚《文史通义·古文十弊》说："传人适如其人，述事适如其事……知其意者，旦暮遇之；不知其意，袭其形貌，神弗肖也。"其次是"尚简"。刘知幾《史通》认为史书的叙事方式应当简洁。《表历》说："文尚简要，语恶烦芜。"《叙事》说："史之美者，以叙事为工，而叙事之工者，以简要为主。简之时义大矣哉！"后来的金圣叹批《西厢记》《水浒传》，毛宗岗批《三国演义》都据此作为叙事审美标尺。最后是"用晦"。刘知幾《史通·叙事》对"用晦"做了具体阐解："然章句之言，有显有晦。显也者，繁词缛说，理尽于篇中；晦也者，省字约文，事溢于句外。"这样，便能"言近而旨远，辞浅而义深，虽发语已殚，而含意未尽"。这跟文学—美学中的"言有尽而意无穷"论如出一辙。这些叙事规范虽主要由刘知幾所提出，但因其有概括性，因而有普适度。审美创作家以此为范式，批评家以此为准绳。例如孔尚任《桃花扇·凡例》言其"说白""不容再添一字"。洪昇《长生殿·例言》谈到"发予意所涵蕴者实多"。

叙事学的另一点是宏大叙事性。宏大性就是全景全程式地展示历史和现实的场景、事件，故事的来龙去脉、人物命运和性格的发展历程等等。它又转化为叙事审美的一种方式，目光四射，节节叙来，交给读者的是完整的情节。事件结局，人物归宿，均无遗漏。其叙事原则和方法究其根源来自史学。具有叙事因素的杜甫《兵车行》、《北征》、"三吏"、"三别"等，就具备了这一特征。白居易《琵琶行》虽限于浔阳江头的场景，却展现了琵琶女从"名属教坊第一部"到"老大嫁作商人妇"的命运历程。《长恨歌》就更有完整叙事、人物命运展示和宏大场面。此种方式到了典范型、标志性的长篇小说中则得到完备体现——全过程展现、全方位描述、审美主体全视觉观照、立体式叙事，如《三国演义》。戏剧也是如此，金圣叹《读第六才子书西厢记法》从叙事学做了这样的概括："有生有扫""此来彼往""三渐三得""二近三纵""两不得不然""实写空写"。由此可见，史学—美学建构中，叙事学是其存在和体现的重要形式。

**以史称名的审美价值评判标准**。其一，以史作为诗的内核和涵值，是为"诗史",如杜诗。唐代孟启《本事诗》言道:"杜逢禄山之难,流离陇蜀,毕陈于诗,推见至隐,殆无遗事,故当时号为诗史。"《新唐书·杜甫传》亦言:"世号诗史。"这是中国文学审美的最高荣誉和境界。到了宋末,文天祥《〈集杜诗〉自序》还说道:"昔人评杜诗为诗史,盖其以咏歌之辞,寓纪载之实,而抑扬褒贬之意,灿然于其中,虽谓之史可也。"林景熙《书陆放翁诗卷后》亦言:"天宝诗人诗有史。"诗史总是产生在国家、民族之大灾难时期,正如李鹤田《湖山类稿跋》称宋末汪元量诗乃"宋亡之诗史也"。其二,史是美学的评价标准和坐标。此处不妨引录下面的论述:李肇《唐国史补》评《枕中记》《毛颖传》:"二篇真良史才也。"凌云翰《剪灯新话序》:"昔陈鸿作《长恨歌》并《东城老父传》,时人称其史才,咸推许之。"毛宗岗《读三国志法》:"《三国》叙事之佳,直与《史记》仿佛。"张竹坡《批评第一奇书金瓶梅读法》:"《金瓶梅》是一部《史记》。"冯镇峦《读聊斋杂说》:"此书予即以当《左传》看。"那么,何以把小说说成史呢?除了因为历代把小说视为稗史,属于史的门类以及叙事方式一致外,还在于小说和史在教化功能上也是一致的。对此,《五虎平西前传序》做了解释:"春秋之笔,无非褒善贬恶,而立万世君臣之则。小说传奇,不外悲欢离合,而娱一时观鉴之心。然必以忠臣报国为主,劝善惩恶为先。"文学在思想功能上接近于史。史家有春秋笔法观念,小说家则以史家春秋意识审视社会人生现象,于是在史的层面上,建构出史学—美学。然而,在另一方面,史又需要有文笔、文采。章学诚《文史通义·史德》说:"史之赖于文也,犹衣之需乎采,食之需乎味也。采之不能无华朴,味之不能无浓淡,势也……史所载者,事也。事必藉文而传,故良史莫不工文。"史向文靠拢,在这一层面上,又为史学—美学提供了建构基础。综合起来,则如赵彦卫《云麓漫钞》所说:"盖此等文备众体,可以见史才、诗笔、议论。"这便是史学—美学。

**主体审美要素**。刘知幾为史学家所确定的主体素质是:才、学、识。《旧唐书·刘子玄传》载,刘知幾在回答礼部尚书郑惟忠关于"自古以来,文士多而史才少"的原因时,说:"史才须有三长,世无其人,故史才少也。"又说:"三长谓才也、学也、识也。"他具体解释道:"有学而无才,亦犹有良田百顷,黄金满籝,而使愚者营生,终不能致于货殖者矣。"另一方面:"如有才而无学,亦犹思兼匠石,巧若公输,而家无梗楠,斧斤终不果成其宫室者矣。"他主张史才须学、才、识三者兼备。《文史通义·文德》说："史有三长，才、学、识也。"这在中国史学史上极有影响，为史学家们所恪遵，并为之终生努力。《文德》进一步给予确认并展开论述："夫才须学也，学贵识也。才而不学，是为小慧；小慧无识，是为不才。"又说："夫识，生于心也；才，出于气也；学也者，凝心以养气，炼识而成其才者也。"三者相连，然而他更重"识"，乃是基于其史论要求。非常值得提起的是，清代美学家袁枚在诗美学中完全接受了刘知幾这一史学思想，连话语都惊人一致。袁枚在《随园诗话》卷三中说："作史三长，才、学、识缺一不可。余谓诗亦如之，而识最为先。"其《蒋心余藏园诗序》说："才、学、识三者宜兼。"《钱竹初诗序》又说："作史三长，才、学、识而已，诗则三者宜兼。"史家素质位移为诗家素质。而叶燮就审美主体素质提出才、胆、识、力。从语源上看，显然来自刘知幾，尽管略有差异。《原诗·内篇下》一开始就说："大凡人无才，则心思不出；无胆，则笔墨畏缩；无识，则不能取舍；无力，则不能自成一家。"他并对四者分别做了具体阐释。才、胆、识、力，是完整的机体，构合为美学家的基本素质，虽在表述上与刘知幾稍有不同，但其内涵相通。承续史学，导入美学，在主体素质认知上，构合为从话语形式到意义均十分相近的史学—美学。

　　史学—美学整合、建构得以实现和完成，成为独立定式，根本原因是中国史学与美学以整一性形式出现。这于纯美学，欠分解，是缺点；就史学—美学而言，则提供了可以整合的基础，是优点。优点和缺点并存并生，遂能互融互渗。学习者在综合联系中可以一并接受，形成交叉、渗透、参合的结构，思维上未加分化的总体观，进而成为其类本能。倘撇开各划畛域的偏颇，就会如章学诚在《论修史籍考要略》所说的那样："史学、文才，混而为一。"《湖北文征叙例》又说到从司马迁和杜甫的文史现象中所获得的认识："史迁发愤，义或近于风人；杜甫怀忠，人又称其诗史。由斯而论，文之与史，为淄为渑。"二而合一。袁枚《蒋心余藏园诗序》则一言以蔽之："作诗如作史也。"儒学祖师孔子修《春秋》，亦删《诗》，成为文史合璧之大家。汉有司马迁撰《史记》，亦有卓绝的审美见解。南朝范晔、沈约、萧子显、宋代欧阳修、司马光，直至近现代的王国维、陈寅恪、郭沫若，均是楷范。而能够整合史学与美学，一是要有贯通意识，如章学诚《文史通义·释通》所说："通者，所以通天下之不通也。"所谓通就是贯通、打通,是整合的一种形式。《文史通义·横通》说:"通之为名,盖取譬于道路,四冲八达,无不可至,谓之通也。亦取其心之所识,虽有高下、偏全、大小、广狭之不同,而皆可以达于大道,故曰通也。"二是要有相应的方法论。方法论是彼此化生的融合剂,例如文史互证的方法。文史大家陈寅恪开创此法,《元白诗笺证稿》是传世范本。郭沫若从先秦社会史出发研究青铜器文化美学,而从青铜器的审美造型、纹饰、铭文等,又探寻到先秦的历史、文化状况及其发展情形,一部《青铜时代》已成垂世经典。文史通才们就这样在"大通"思维光照下,游刃有余、举重若轻地进行文化知识结构和方法的奇妙转换、整合、升华、凝定,亦即经过学理化的"光合"作用,终于建构起浑融贯通的史学—美学,成为具有泱泱华夏风采、智慧的范式。

# 第七章　中国思想史与中国美学史

以往的中国思想史研究只是综合了中国哲学思想、逻辑思想、社会思想等，却忽略了中国美学思想及其存在；而中国美学史研究又常常自身孤岛化，忽视与中国思想史的勾连。现在的要求和趋向则是把中国美学史与中国思想史加以资源整合，进行内生态建构。

中国美学史与中国思想史的关系总体表述为互动关系，是大语境（中国思想史）与小语境（中国美学史）之关系，进而应建立思想史视野下的中国美学史研究。这应该是中国思想史的题内之义，也应该成为中国美学史的研究方向。

## 第一节　美学史内在地进入思想史

物质文明、制度文明、精神文明、心理结构等都应有思想，都应以思想为基核。没有思想，只能是一具行尸走肉，一堆枯木朽株。思想是灵魂，是境界，思想史就是灵魂史、境界史。思想是内在的灵慧、外在的火把，是凝聚，又是先导。美学也应该有思想，其历程便构合为美学思想史。

思想史包罗广泛，包括哲学思想、经济思想、政治思想、宗教思想、社会思想、科学思想、技术思想、法律思想、逻辑思想、伦理思想等，还应包括美学思想。毫无疑问，中国美学思想史的缺席，将会使中国思想史显得残缺不全。

事实上，中外都存在思想史和美学史的联系现象。韦勒克、沃伦的《文学理论》曾就思想史分支之一的哲学史与文学的关系论说道："英国文学是反映了哲学史的……德国哲学和文学之间的合作常常是极为密切的。"在中国，文以载道论就是作为美学分支之一的文学美学与思想史关系的最明白表述。玄学与魏晋玄言诗，佛学与隋唐佛教壁画等等，都说明思想史与美学史直接联系的性质。这种联系，特别是美学史与哲学史的联系，焕发了美学思想史的色彩。可以这样说，不懂中国思想史，就不能治中国美学史；反之，不通中国美学史，就无法完整把握中国思想史。中国美学史关涉审美理想、美学思想、审美趣味、审美意识等等，它们本身就属于思想史的大范畴。

中国美学史由两大板块构成：美学理论和审美形态。美学理论是审美理想、美学思想、审美趣味、审美意识等精神层面的审美现象的抽象化、观念化概括；而审美形态则是上述审美现象的感性物化体现和表征，二者缺一不可地成为美学思想史的存在方式，同时也就从总范围上汇入思想史之江河，成为中国思想史的组成部分。许多中国思想史上的现象、意识、范畴，就是中国美学史上的现象、意识、范畴，两者的互换率极高。有时甚至无须置换，思想史就是美学史，这就使得中国美学史内在地进入中国思想史，其要者大致包括：

**天人合一的基本思想**。这是中国思想史的基核。《庄子·齐物论》曰："天地与我并生，而万物与我为一。"汉代董仲舒《春秋繁露·深察名号》说："天人之际，合而为一。"对天人合一的思想含义第一次给予了明确的表述。宋代张载在《正蒙·乾称》中更以直接的话语说："因明致诚，因诚致明，故天人合一。"思想史上的天人合一精神不仅促进了自然山水审美意识的开发和生长，而且更重要的是使中国美学具备了亲和态度、消融意味。《庄子·秋水》就曾认为："吾在天地之间，犹小石小木之在大山也。"——不是外在于，而是内在于天地自然之中。李白《赠丹阳横山周处士惟长》："当其得意时，心与天壤俱。"《同族侄评事黯游昌禅师山池二首》（其一）："花将色不染，水与心俱闲。一坐度小劫，观空天地间。"明代袁中道《赠东奥李封公序》云："与造物者为友，而游于温和恬适之乡，彼惟不借力于物，而融化于道。"——是心的投入、融入、化入。其对象不限于自然、山水，而是一切外在的存在。如晚明的一些山水游记就是诗化的审美形态，成为审美意念的表达。"诗者天地之心"是对此所做的最好表述。天人合一的思想最终沉淀为创作思维心态。它澄明、彻了、沉机而又大圆睿智、万化流行，这是最典型的中国式创作心态，也是中国美学作为古典文化形态的精神基础。明代吴廷翰《醉轩记》写道：

> 吾每坐轩中，穷天地之化，感古今之运，冥思大道，洞贤玄极，巨细终始，含濡包罗，乃不知有宇宙，何况吾身。故始而茫然若有所失，既而怡然若有所契。起而立，巡檐而行，油油然若有所得，欣欣然若将遇之，凭栏而眺望，恢恢然、浩浩然不知其所穷。反而息于几席之间，晏然而安，陶然而乐，煦煦然而和，盎然其充然，淡然泊然入乎无为。志极意畅，则浩歌颓然，旋舞翩然，恍然，惚然，怳然，不知其所以也。

原"我"消解，变为新"我"，与天地自然融化为一。况周颐《蕙风词话》写道："吾苍茫独立于寂寞无人之区，忽有匪夷所思之一念，自沉冥杳霭中来，吾于是乎有词。泊吾词成，则于顷者之一念若相属若不相属也。而此一念，方绵邈引演于吾词之外，而吾词不能殚陈，斯为不尽之妙。"物我合一、物心融化，于是，由天人合一的思想所规范的中国美学的整体图式便是：天人对应→心物对应→心艺对应。在共感现象上，中国美学史为世界美学史之翘楚，这是因为作为其思想基础的天人合一论在世界思想史上是独一无二的。正如钱穆在《中国文化对人类未来可有的贡献》中所指出的，天人合一观是"中国文化对人类的最大贡献"，是"整个中国传统文化思想归宿处"。其影响及于园林美学，则如李渔《十二楼·三与楼》第一回所说，"最上一层极是空旷，除名香一炉、《黄庭》一卷之外，并无长物，是他避欲离嚣，绝人屏迹的所在，匾额上有四个字云，'与天为徒'"。

**道器相合的审美追求。**《系辞》说："形而上者谓之道，形而下者谓之器。"这一思想影响并形成了中国美学史道器相合的审美追求：形下的现实性与形上的超验性美学精神并存，具验与超验结合，具象与抽象统一。形上则抽象空灵，羚羊挂角，无迹可寻，有飞动、变幻的审美力量；形下则具象征实，鲜明可感，如在眼前，可以触摸，有凝重、扎实的品格，有具象的实形，具体的质感。它们的结合使得中国美学之精神既非蹈空，亦不胶着，具备了超越具体物象，更超越具体时空的性质，获得通常所说的永恒魅力。"舍筏登岸""得鱼忘筌"论便成为中国美学超越性审美追求的思想史基础，其审美范例，代代不绝。

**和谐允中的审美原则。**中国美学讲究和谐的原则正来自中国思想史。

《淮南子·氾论训》说:"天地之气,莫大于和。和者,阴阳调,日夜分而生物。"这实际上来自先秦的思想,《国语·郑语》中就言"和实生物"。天地、自然、社会、万物都讲求和谐,美学上也讲究和谐。《尚书·尧典》曰:"诗言志,歌咏言,声依咏,律和声,八音克谐,无相伦夺,神人以和。"《左传·昭公二十年》云:"清浊、小大、短长、疾徐、哀乐、刚柔、迟速、高下、出入、周疏以相济也。"对立两极处在一种良好的平衡状态之中,这样就能和谐允中,不走极端,不走边线,没有冲撞,没有裂变。在美学理论上则发展为桐城派中坚姚鼐所概括,桐城派殿军曾国藩所承继的阴柔阳刚说。姚鼐《复鲁絜非书》就说道:"糅而偏胜可也,偏胜之极,一有一绝无,与夫刚不足为刚,柔不足为柔者,皆不可以言文。"曾国藩《求阙斋日记类抄》卷下说:"吾尝取姚姬传先生之说,文章之道,分阳刚之美,阴柔之美。大抵阳刚者,气势浩瀚;阴柔者,韵味深美。浩瀚者,喷薄而出之;深美者,吞吐而出之。"与此相连,在审美形态上则有触目皆是的绘画,文学中的优美意境、平和状态。

**物我双融的审美行为**。中国美学所表述的审美行为方式完全来自中国思想史,包括:第一步,审美行为所需要的心境——澄怀虚静。《老子·十六章》曰:"至虚极,守静笃。万物并作,吾以观复。"《庄子·知北游》引老子之言:"疏瀹而心,澡雪而精神。"庄子把这一虚静现象概括为"坐忘"。《庄子·大宗师》说:"堕肢体,黜聪明,离形去知,同于大通,此谓坐忘。"《庄子·达生》把这种状态表述为:"用志不分,乃凝于神。"刘勰《文心雕龙·神思》就用与思想史相同的话语说明审美心态,道:"陶钧文思,贵在虚静,疏瀹五藏,澡雪精神。"第二步,审美行为所运用的方式——体悟融入。这是从禅宗思想所直接导入的美学思想。宋代韩驹《赠赵伯鱼》曰:"学诗当如初学禅。"金代元好问《答俊书记学诗》写道:"诗为禅客添衣锦,禅是诗家切玉刀。"明代谢榛《周才子见过谈诗》说:"自信诗家半入禅。"多半诗家信奉禅宗思想,那么它到底怎样渗入美学领域,又是如何对诗审美产生影响的呢?还是严羽在《沧浪诗话》中一语道破:"大抵禅道惟在妙语,诗道亦在妙悟。"其交契点在一"悟"字。文学是如此,艺术也是如此。宋代郭若虚《图画见闻志》就曾说到绘画美学也是"灵心妙悟,感而遂通"。第三步,审美行为所达到的境界——身与物化。《庄子·齐物论》中有所谓庄生化蝶之说,庄子称之为"物化"。这是以主体与客体之间刹那间的物我化一现象，形象地描述了一个重要的感觉经验，标示其所达到的境界。它直接移入审美，便有苏轼在《书晁补之所藏与可画竹》诗中所言，"其身与竹化，无穷出清新。庄周世无有，谁知此凝神"。显然，他把庄周物化论具体运用于审美之中。陈师道《后山谈丛》卷二曾说到包鼎画虎，"脱衣据地，卧起行顾，自视真虎"，也是这一理论阐述的样态。清代小说评点家就将其具体运用于小说美学。思想史思潮出现以后，会扩展到美学领域，形成相应的美学思想、精神和形象体现。例如17世纪的启蒙主义运动扩展到18世纪，则有文学的《红楼梦》，作者通过审美手段所塑造的贾宝玉、林黛玉形象就承载了这一思想。

从以上的意义层面可以说，中国美学史思想的母体和根脉便是中国思想史。

## 第二节　美学史的独立品格及其转化机制

中国美学史之于中国思想史又不是被动应对、生吞活剥的。完整地讲，它们间的关系是互动关系，总体表述为：引入思想史是美学史建设的自身诉求，而兼容美学思想又是思想史的建构需要。

中国思想史的疆域引入美学思想，便使其变得更加丰富、美丽而有光彩，因为美学的基点就是美。当美学家们演说着、描述着、创造出美的时候，整个思想史就会是另一番风光了。例如对前述的中和这一思想史的重要原则，明代屠隆《论诗文》所做的是审美化描述和理念确定："新不欲杜撰，旧不欲抄袭，实不欲粘滞，虚不欲空疏，浓不欲脂粉，淡不欲干枯，深不欲艰涩，浅不欲率易，奇不欲谲怪，平不欲凡陋，沉不欲黯惨，响不欲叫啸，华不欲轻艳，质不欲俚野。"尽管是近乎抽象的道理，但经过美学家富于感性色彩地说出，就别是一种风采。刘勰《文心雕龙·物色》说："既随物以宛转……亦与心而徘徊。"把思想家所论的具有本体性内涵的心与物的关系说得多么动听而富于文采。苏轼在《送参寥师》中以诗的审美话语说："空故纳万境。"说出了审美中的一个重要思想。美学家的描述、讲说，是带着美所固有的形象感来进行的。清代袁枚《随园诗话》说："凡诗文妙处，全在于空。譬如一室内，人之所游焉息焉者，皆空处也。若室而塞之，虽金玉满堂，而无安放此身处，又安见富贵之乐耶！镜不空则哑矣，耳不空则聋矣。"其《续诗品》亦曰："钟厚必哑，耳塞必聋。"对老庄的"空"论做了准确而形象生动的表述。唐代司空图的《二十四诗品》、清代黄钺的《二十四画品》全由形象化的画面所组成，明代袁中道的《爽籁亭记》借一则山水小品，言说了一个重要的审美原理。它们补充了中国思想史理性智慧申述之外美丽的感性世界，增强了思想的广泛可接受性，让人们审美化地感受思想之睿隽。

然而，作为美学史，与思想史又处在"离形得似"的状态之中。美学作为独立的人文科学类别，有不可混淆和无法替代的品格，不是对思想史的亦步亦趋。如对思想史的人格伦理思想，美学史就表现出了独立性。袁枚《随园诗话》说："凡作人贵直，而作诗文贵曲。"是从形式美的角度着眼的。袁枚在选诗时照常选录巨奸严嵩、阮大铖等人作品，不受传统的人格伦理思想所拘囿。清代叶矫然《龙性堂诗话初集》更直截了当地说"诗心与人品不同"。具体而言："人欲直而诗欲曲，人欲朴而诗欲巧，人欲真实而诗欲形似。盖直则意尽，曲则耐思；朴则疑野，巧则多趣；真实则近凝滞，形似则工兴比。"这是审美的属性规范，不同于思想史所论。

美学是介乎哲学与艺术之间的学科，美学有着与艺术相联系的一面，这就形成了美学的特殊品格。同时，有些美学范畴、形态纯粹是根据审美自身的需要所提出的。例如文学美学中的"诗缘情"，书法美学中的具体书艺，绘画美学中的"金碧山水""青绿山水"，园林美学中的诗化趋向，等等，都是些具体要求。特别是一些细化了的审美经验，例如文震亨《长物志》对居室的要求，李渔《闲情偶寄》对戏曲各类型的规范，金圣叹批点《西厢记》《水浒传》，毛宗岗批点《三国演义》所概括出来的众多"法"，等等，都是就美学而言美学的。因此，不必牵强附会，形成思想史的泛化趋向。

就某些美学思想、思潮的出现而言，也是美学自身运动的结果，例如唐代陈子昂的美学思想。李阳冰《草堂集序》说："卢黄门云：'陈拾遗横制颓波，天下质文，翕然一变。'至今朝，诗体尚有梁陈宫掖之风，至公大变，扫地并尽。"陈子昂提出兴寄、风骨范畴是美学思想自身发展的产物，是其应美学思潮之演化而登台一呼，进而"翕然一变"的。陈子昂在《与东方左史虬修竹篇并书》中愤然感叹："文章道弊五百年矣！""汉魏风骨，晋宋莫传……齐梁间诗，彩丽竞繁，而兴寄都绝"，"风雅不作"。陈子昂所要提倡、恢复的正是汉魏风骨的美学传统，并使之成为唐代美学的规范。陈子昂从东方虬的诗中发现其审美特征："骨气端翔，音情顿挫，光英朗练，有金石声。"而这恰是正始之音的体现。正始之音在内涵上与建安风骨、兴寄、风雅是完全一致的，并且成为其具体表征形式。因此，这一思想所具有的是美学史的内在演化性质。

愈到中国美学史的后期，思想的个人化趋向就愈明显和突出。清代李渔论曲讲"结构"，金圣叹批《水浒传》讲"部法"，脂砚斋评《石头记》讲艺术"避难法"等，都是个人趣味性理论的体现。而个人的理论、提法又往往来自好恶差异，"各师成心，其异如面"，具有个别性和独立性。特别是金圣叹，这位被称为"怪杰"的评点家，就有自己不可混淆的个人见解，例如腰斩《西厢记》《水浒传》——个人化倾向往往表现为形式主义的非思想化特征。

思想史上的思想因素、范畴变成美学史的思想成果、范畴，须加以转化。不是所有的思想史材料都能转入美学史，这要视美学史的需要而定。美学史有其自身的规定、特征，它对于思想史资源也是按需所取，按照美学史自身的要求去索取，其间有一个转化的程序。这是因为美学史如果正需要思想史的某些资源，便吻合了它的特征。《庄子·外物》："筌者所以在鱼，得鱼而忘筌；蹄者所以在兔，得兔而忘蹄；言者所以在意，得意而忘言。"《系辞》："书不尽言，言不尽意。"美学史便把"得意忘言"挪用过来，因为它适用于美学的形象与思维、话语与意味的关系表述，但它经过转化，便变成了审美话语。例如唐代释皎然《诗式》："但见情性，不睹文字。"刘禹锡《董氏武陵集》："诗者，其文章之蕴耶？义得而言丧，故微而难能。"直到清代刘熙载《艺概·词曲概》亦言："词之妙莫妙于以不言言之。"又如意境，本来自佛学思想，是一个思想史范畴，但它进而转化为中国美学史上出现频率最高、传播最广的一个美学范畴，由唐代王昌龄在《诗格》中率先完成，所谓"诗有三境，一曰物境，二曰情境，三曰意境"。又经释皎然、刘禹锡的进一步阐释，到司空图则加以完整的整合。他在《与王驾评诗书》中说："思与境偕。"意境作为范畴取得独立的美学史地位后，一直为历代美学家在各门类美学中所沿用，至近代王国维在《人间词话》中运用于词美学。

如果说，中国思想史是中国社会史与中国哲学史的中介，那么中国美学史则是中国思想史与中国各门类文学、艺术史的中介。在审美过程中，思想史中的因素不能直接写在文学、艺术门类中，它须通过美学的中介，形成审美的观念、意识和视角，内化为审美的思想，借助于审美的独特手段表述或传达出来。例如动静。《系辞》言："动静有常。"到了宋代，张载有系统的解说。动静思想以美学为中介，形成动静美学。于是，审美的创造者便以此观照和描述对象。南朝王籍《入若耶溪》有句"鸟鸣山更幽"，到宋代王安石《钟山即事》则写为"一鸟不鸣山更幽"，虽没有直接的思想史动静概念，但以审美方式所表现的却是这一思想。又如时空。《老子》云："大曰逝，逝曰远，远曰反。"反者，返也。《周易·泰》曰："无往不复，天地际也。"有去有来，有往有返。李白《秋登巴陵望洞庭》云："来帆出江中，去鸟向日边。"一来一去。李贺《南园》云："窗含远色通书幌，鱼拥香钩近石矶。"一远一近。中国人的观照意识是俯仰自得，《系辞》曰："仰以观于天文，俯以察于地理。"在文学上则有陶渊明《读山海经》："俯仰终宇宙，不乐复何如。"王羲之《兰亭集序》："仰观宇宙之大，俯察品类之盛。"它经过审美的中介、过滤，形成绘画美学上宋代郭熙的"三远法"。苏轼所写《书王定国所藏烟江叠嶂图》题画诗就形象化地表达了这一绘画美学上的"三远法"。首四句"江上愁心千叠山，浮空积翠如云烟。山耶云耶远莫知，烟空云散山依然"是"高远"法。次四句"但见两崖苍苍暗绝谷，中有百道飞来泉。萦林络石隐复见，下赴谷口为奔川"是"深远"法。再四句"川平山开林麓断，小桥野店依山前。行人稍度乔木外，渔舟一叶江吞天"是"平远"法。哲学思想的空间观经过转化后成了绘画上的空间审美观。

所以，把握美学的独立立场和转化方式，是美学史的自身需求和面对中国思想史的巨大存在所寻求的策略。

## 第三节　思想史和美学史的整合、融会

思想史与美学史需要经过整合，才能形成审美的思想、形态、范畴。

两汉神学与美学整合后产生出神秘怪诞、奇异象征的美学风格，如汉画像石。六朝玄学与美学整合出"妙"的审美范畴，顾恺之《魏晋胜流画赞》言"迁想妙得"，谢赫《古画品录》说："若取之象外，方厌膏腴，可谓微妙也。"《世说新语·文学》说："妙处不传。"唐代佛学与美学经过多方面整合，不仅产生出重要的审美范畴"境界"，而且形成了新的审美形态。佛教雕塑美学的黄金时期在唐，高宗、武后时所开凿的龙门寺奉先寺石窟像群，已改六朝风味，形成唐人气象。玄宗时更有宽装高髻之佛像出现，通体透现出盛唐之美学精神。宋代理学与美学整合出的独特的审美范畴是"涵泳"，明代心学与美学整合出的审美范畴是"童心"，清代实学与美学整合则产生出"肌理"。

　　以上尚属于静态整合的情形，在动态性整合上则是思潮因素发挥了作用，例如明代的心学—美学。这是为了适应革除旧的思想形态，形成新的思想机制的需求，在本体上是对明初以来所实行的思想钳制的颠覆，对其僵直、死寂的思想空气的否定。这场思想运动，具有鲜明的思潮性质、巨大的革新意义和启蒙价值，其思想开发的工具是心学，从而出现了王阳明取代朱熹的思想格局。顾炎武在《朱子晚年定论》中就曾描述了这一思想变动的情形："自弘治、正德之际，天下之士，厌常喜新，风气之变，已有所自来。而文成以绝世之资，倡其新说，鼓动海内。嘉靖以后，从王氏而诋朱子者，始接踵于人间。"这场思想革新运动刚刚兴起时，大有"九州生气恃风雷"之势。王阳明在《月夜》诗中呼吁："何当闻此鼓，开尔天聪明。"惊天动地的鼓声，震撼并开启人们的心智。改革的关键是人，而人的关键又是心。这就要改变人心，用王阳明著名的话"破山中贼易，破心中贼难"来说，就是"破心中贼"，所以，王阳明的心学及其心学思潮便有着鲜明的实践动因。在这样的思想语境中，经王阳明的整合，形成了心学—美学，它从主体出发进行审美观照，进而成为审美本体论，从而改变传统的审美方式和审美程序，这在明代美学史和晚期中国美学史上具有先锋意义、革命意义。从这一层面上，才能对明代的童心说做出正确的解读。

　　思想家和美学家合一性地扮演角色是完成思想史与美学史整合的基础性因素。从刘禹锡、柳宗元、周敦颐、苏轼、朱熹、王阳明等人身上可以得到充分的验证。刘禹锡宏放通脱的哲学思想熔铸为诗的内涵，便显得畅朗、颖脱。他在《问大钧》中说："以不息为体，以日新为道。"事物的本体和运行规则是生生不息、日新月异的，强调了变化、更新，无疑是相当杰出的。于是，他的诗审美中就充溢这种思想。例如《乐天见示伤微之敦诗晦叔三君子皆有深分因成是诗以寄》："芳林新叶催陈叶，流水前波让后波。"《杨柳枝词》："请君莫奏前朝曲，听唱新翻《杨柳枝》。"《始闻秋风》："马思边草拳毛动，雕盼青云睡眼开。"《秋词》："晴空一鹤排云上，便引诗情到碧霄。"《酬乐天扬州初逢席上见赠》："沉舟侧畔千帆过，病树前头万木春。"以诗的话语表述这一思想的精华和昂奋向上的精神文化体验。

王阳明在整合思想史和美学史时，别具只眼地说明了对象与主体之间的关系，成为对审美关系的独特体认。《王门宗旨》有一番记述颇有意思：

> 先生游南镇，一友指岩中花树问曰："天下无心外之物，如此花树，在深山中自开自落，于我心亦何相关？"
> 
> 先生曰："你未看此花时，此花与汝心同归于寂；你来看此花时，则此花颜色一时明白起来，便知此花不在你的心外。"

花与心，即客体与主体构合为一种关系，这种关系被王阳明整合为审美关系。当花（对象）未曾进入主体视野时，花（对象）对于主体是没有意义的。当花（对象）进入主体视野中，才构合成对象与主体的关系，才被体认。花的颜色是在被发现和体认后获得认知的。它绝非摆脱或脱离对象，也不是将对象独立化和客体化，而是将对象纳入主体心中。"此花不在你的心外"，任何客体对象都不能脱离主体而存在，任何客体对象也只有在被主体体认后才能存在。虽说它体现了以主体为中心的思想，但是，它仍然强调了对象与主体之间的关系，从而构合为美在关系中的思想，各以对方为自己存在的条件。对象物的存在是经过感受和体认了的存在。这是中国美学思想的一次根本性突破，再也不是物感式、存在决定意识的机械性体认方式，而是对审美关系所做的最富于近代色彩的说明。

先秦——诸子思想与美学，魏晋——玄学与美学，隋唐——佛学与美学，宋——明理学与美学，清代——实学与美学，近代——中西方思想与美学，是重要的整合时期和现象，而经过思想史与美学史的整合，中国美学史便获得了相应的基本性质、品格、精神以及内涵、内蕴、内核，其内涵是内容，内蕴是底色，内核是根基，从而使中国美学成为生命性美学、思想性美学。儒的人文性，道的超越性，禅的形上性，整合为中国思想史的总体精神，进而与美学整合为中国美学史的基本精神。中国思想史的现实性关怀精神强烈，所谓"天地之大德曰生""不知生，焉知死""生生不已"等论，便在精神趋归上不是引入宗教，而是引入美学。思想境界、人生境界就是审美境界，成为中国思想史—美学史的根本属性和特征，例如孔颜乐处，老子之道，庄子逍遥游等。这是中国美学不同于西方美学之所在，其精神内核正是由中国思想史所派生出来的。由此所产生的人与自然的和谐、社会人际的和谐、对象与主体的和谐、情与理的和谐，规范了社会的调节功能、艺术的中和性质。它的最重要的感性化体现是审美。中国美学史上绘画美学中的山水画、诗歌美学中的田园诗，所透发出来的悠闲格调；诗歌美学上描述迎来送往所流露出来的淡远情调，都是以审美的形式所表征的中国思想史的基本内容。中国思想史的精神追寻是圆融、协谐，它是菩萨慈眉的图像，而不是耶稣受难的呈示，美学在经过思想整合后就不是撕肝裂胆的苦难历程和悲惨世界，于是，文艺美学特别是戏曲、小说美学在形态上便是代代不绝的团圆性结局，当然，其负面影响也是不必讳言的。中国思想史与中国美学史的整合在思维方式上的最大成果是经验性、体验性审美思维方式的产生，没有西方的纯粹性抽象思辨，而是当下体悟觅得，大量的诗话、词话、曲话和小说评点便是其表征。这种整合的类型是形态和思维机制的整合。整合的功能则是中国美学语系以审美的形式出现，成为独特的话语形态，在互构、互融、互摄过程中完成的。

综上所述，中国思想史使中国美学史获得相应的思想涵值；中国美学史接受了中国思想史的辐射，纳入其容汇百川、汪洋恣肆的沧海之中。中国美学史因有思想史的涵濡，而显得深邃。思想史使一切意识存在得以提升或深化。中国美学史琳琅满目的概念、范畴等等，因有思想史的沾溉而成为光点，深刻而启人思索。虽然"思想是灵魂"的说法在中国当代政治话语系统中被庸俗化和霸权化，但它正确地说明和确定了思想的意义和价值，因此，可以说思想史是中国美学史的灵魂。而中国美学史则使得中国思想史具有感性的特质和斑斓的色彩。虽然，中国思想史与中国美学史之间是总体话语与局部话语的关系，有时，中国思想史甚至成为中国美学史的语境，但在根本上它们呈互动状态。

审美理论所阐述的思想显而易见地与中国思想史相通，但不应忽略或漠视审美形态所显露出来的思想光华。它虽然不像理论形态那样成型和完备，但有着跟理论中的思想相同的蕴藉。它虽然被感性形式的彩衣缠裹着，但透溢出来的思想仍然有着跟理论中的思想相等值的涵量。"议论须带情韵以行"，刘勰《文心雕龙》的这句话实际上表述了一个重要的美学思想：理论思想与审美情韵是并辔而行的。感性作品中的思想存在就取这种形式。在实际上，审美创作家在完成审美化的过程中，以思想史为内涵和内视阈，以此作为观照点，进而用审美形式将思想予以感性形态的表现和承载。于是，以灿烂的艺术、丰富的感性表达睿隽的理性思想是中国思想史与中国美学史相融合的最重要特征。

# 第八章　中国宗教史与中国美学史

　　宗教和美学是人类观照、感知世界的两种不同方式，在情感、想象、感受等方面，出现连接点。而在中国，佛教是舶来品，东汉明帝时传入内地；道教是土著品，东汉顺帝时产生。两教的出现乃中国文化史之大事，亦是中国美学史之大事，自此改变了中国美学史的结构、维度和走向，甚至话语系统，奠定了中国宗教—美学的基石。

　　当前，学界对中国宗教史与中国美学史的内在关系，还缺乏系统、深刻的揭示；中国宗教史对中国美学史的审美形态、艺术事实、审美理论，特别是主体审美心理结构的影响及其所提供的普遍审美经验，尚有待深入探讨和研究。

## 第一节　宗教界—士夫界社会交际方式的审美文化意义

　　佛教东渐，至唐大成，出现了一大盛事——玄奘取经。其标志性意义，是佛教经典传译进入崭新阶段。佛教文化是开放式文化，传播性和弘布性极强，即所谓的佛雨普淋。西典东来，中土化的前提，一是移译，二是以汉字为载体进行传录。而唐代尚未出现此后宋代的雕版和活字印刷，即使是印刷，也要先行付诸书面纸质文字。佛经翻译的书录文字出以正书楷体，卷面整洁，缮写工整，无有涂饰，不乏名笔。如沈弘所书《阿毗昙毗婆沙卷》，一笔褚（褚遂良）体，上乘书品。缮写所翻译经卷的书法，已成为自隋代以来僧人的必备条件和必修课目。从唐诗人岑参的《观楚国寺璋上人写一切经，院南有曲池深竹》诗中，可见僧人书经情景。黄卷净居，收身返心，凝精聚神，用志不纷，充满诗意性情景和信仰的崇高感。诗云："璋公不出院，群木闲深居。誓写一切经，欲向万卷余。挥毫散林鹊，研墨惊池鱼。音翻四句偈，字译五天书。"据唐文士岑勋所记，建造西京多宝塔的楚金禅师，"先刺血写经《法华经》一部，《菩萨戒》一卷，《观普贤行经》一卷……同置塔下"，"又奉为主上及苍生写《妙法莲华经》一千部，金字三十六部用镇宝塔，又写一千部散施受持"，书写量实属惊人，非持之以恒和书艺高手不能为之。这恰恰与中国书法美学处于同一精神现象层面。东汉名书家蔡邕说："书先默坐静思，随意所适，言不出口，气不盈息，沉密神彩，如对至尊，则无不善矣。"[①]——于是，产生精神现象的异质同构——更在于僧徒把汉字书写经卷提升到如亲见释迦牟尼，如亲闻佛祖口授的终极价值高度加以体认。《妙法莲华经》卷七《普贤菩萨劝发品第二十八》说："若有受持读诵，正忆念，修习书写是《法华经》者，当知是人，则见释迦牟尼佛，如从佛口闻此经典。"这是佛教促进书法发展的精神动力。

唐代出现了一个独特的手稿收藏现象。据清代王士禛《分甘余话》所载："白乐天写集三本：一付庐山东林寺，一付苏州南禅，一付龙门香山寺。"可谓"狡兔三窟"。寺院安全保险，是除了皇宫之外的最佳收藏地，是以在中国诗史上仅次于宋代陆游存诗量的白居易诗集数卷才得以完好保存下来，才会由挚友元稹编成《白氏长庆集》。

宗教史的人文化、士大夫化进程，又以中国智识阶层的社会人际交往即交游为独特方式。《荀子·君道》曰："其交游也，缘义而有类。"这是志趣、爱好、情感，甚至是理想的投契与一致。缁流杖锡远游，结交时贤，蔚为风气。东晋名僧支遁和名士王羲之、许询等交游，作为名士记录的《世说新语》竟有54处记载。"支道林、许掾诸人共在会稽王斋头。支为法师，许为都讲。支通一义，四座莫不厌心；许送一难，众人莫不抃舞。但共嗟咏二家之美，不辩其理之所在。"王羲之"作会稽，初至，支道林在焉。孙兴公谓王曰：'支道林拔新领异，胸怀所及乃自佳，卿欲见不？'……（支道林）因论《庄子·逍遥游》。支作数千言，才藻新奇，花烂映发。王（羲之）遂披襟解带，留连不能已"。支道林对《庄子》有精深研究，自比竹林

---

[①] 蔡邕：《笔论》，见北京大学哲学系美学教研室编：《中国美学史资料选编》（上册），中华书局1980年版，第134页。

七贤中的向秀,他和许询、谢安共聚王濛家中,以《庄子·渔父》为题,"当共言咏,以写其怀","支道林先通,作七百许语,叙致精丽,才藻奇拔。众咸称善"。延及唐代,柳宗元《送文畅上人登五台遂游河朔序》说:"昔之桑门上首,好与贤士大夫游。"结友唱和,赋诗联句,赠别留行,构成了士大夫和佛教徒的交游时尚和生活内容,以至于白居易在《喜照密闲实四上人见过》中说自己"交游一半在僧中"。怀素是唐代佛教界最善于与俗界士人交游的书僧。唐诗人任华《怀素上人草书歌》言"狂僧前日动京华",书僧来京,人们奔走相告,产生轰动效应。又如鲁牧《怀素上人草书歌》所言,"满堂观者空绝倒"。《全唐诗》中,"怀素上人草书歌"的同题诗最为丰富多样,对书家的吟咏以怀素草书最为淋漓酣畅,所做的是诗意化描述、诗性化评价,作者有李白、王邕、戴叔伦、窦冀、鲁牧、张谓、任华、朱逵、许谣等三十七人之多,出现"井喷"。所赋诗,无所例外,均为长歌行体,铺张扬厉,滔滔不休,乃诗中大赋。这在唐代诗坛上和《全唐诗》中是唯一的,产生了"怀素热"。

诗僧、诗论家皎然,刘宋诗人谢灵运十世孙,与书家颜真卿、李阳冰,诗人顾况、韦应物等广为交游,互有唱和,时称"江东名僧"。其中与颜真卿的交游绵延于大历八年(773)至大历十二年(777),前后达五年之久,书写了唐诗史和书史的动人篇章。清代全祖望《鲒埼亭集外编》认为:"两宋诸儒门庭径路半出入于佛老。""宋初九僧"是一个佛门诗画群体,其中惠崇绘《春江晓景》,苏轼有名诗题录。苏轼在《东坡志林》中说:"吴越多名僧,与予善者常十九。"他与僧人的交游面十分广泛,达百人之多,其中有"乡僧"文长,有同游赤壁的佛印,有诗友惠勤、惠思、清顺等,特别是参寥子,苏轼在《〈参寥泉铭〉并叙》中深情地说:"予谪居黄,参寥子不远数千里从余于东城,留期年。"真可谓佛门挚友、患难之交,由此可以解读苏轼之所以多诗赠馈,并申述文艺审美观点的原因。文士和释僧交游有一个很高的平台,他们不是庸僧、凡僧,而是文化素养深湛的高僧、大德,苏轼《参寥师》说,这些释僧"所与游皆一时名人"。他还在《东坡志林》中称赏这些名僧:"能文善诗及歌词,皆操笔立成,不点窜一字……语有灿忍之通,而诗无岛可之寒。"

此外,士大夫文人的交游对象是交叉的,而非单一的:道释两门、男女二性。李白和女道士交游,如《送内寻庐山女道士李腾空》:"多君相门女，学道爱神仙。素手掬青霭，罗衣曳紫烟。一往屏风叠，乘鸾著玉鞭。"与此同时，李白亦与浮图交游，如《赠宣州灵源寺仲濬公》："此中积龙象，独许濬公殊。风韵逸江左，文章动海隅。观心同水月，解领得明珠。今日逢支遁，高谈出有无。"对佛门仲濬评价甚高，将其比作东晋名僧支遁。其他还有《送通禅师还南陵隐静寺》《赠僧行融》等。苏轼也是如此，于释，亦于道。苏轼《与刘宜翁书》说："轼龆龀好道，本不欲婚宦，为父兄所强。一落世网，不能自逭，然未尝一念忘此心也。"他要刘宜翁"不吝惜道术"，把炼成的"外丹""不惜分惠"。

而士大夫文人走向宗教，有一个大致不差的模式——大都在政治失意之后。李白赐金还山授"道箓"；李华受伪职，仕途失意，晚来归佛；苏轼被贬谪后尊崇释氏。最典型的要数欧阳修，早年既反道教，又反佛教，晚年罢政，却趋归宗教。陆子履《寄欧阳永叔》云："寄语瀛洲未归客，醉翁今已作仙翁。"

交游以精神交流和沟通为纽带。柳宗元在《送僧浩初序》中说到与僧释交游："与其人游者，未必能通其言者。且凡为其道者，不爱官，不争能，乐山水而嗜闲安者为多。吾病世之逐逐然，唯印组为务以相轧也。则舍是其安从？吾之好与浮图游以此。"柳宗元从佛门看到另一重与滚滚红尘的嗡蝇倾轧完全不同的清净世界，遂萌发了"好与浮图游"的思想动机。唐代诗人张晕《游栖霞寺》写道："一从方外游，顿觉尘心变。"在交游过程中，精神和思想得到转化和净化。

这种互动机制产生了宗教史—美学史的一些重要现象。一方面缁流入俗者日众，士大夫化；一方面文士从教者渐多，宗教化。《新唐书》称："天宝后，诗人多……寄兴于江湖僧寺。"据《唐诗纪事》卷十七贺知章条载，天宝三载（744），已是86岁高龄的诗人贺知章"上表乞为道士还乡"。获准启程，唐玄宗李隆基亲为赋诗送行，并诏令"六卿庶尹大夫，供帐青门，宠行迈也。岂惟崇德尚齿，抑亦励俗劝人"。这样隆崇的礼仪规格，有着鲜明的"励俗劝人"的意图。李白赋《送贺宾客归越》赠别诗言："镜湖流水漾清波，狂客归舟逸兴多。山阴道士如相见，应写黄庭换白鹅。"李阳冰曾记述李白长安蹭蹬，崇信道教的过程："丑正同列，害能成谤，格言不入，帝用疏之。公乃浪迹纵酒，以自昏秽；咏歌之际，屡称东山。天子知其不可留，乃赐金归之。遂就从祖陈留采访大使彦允，请北海高天师授《道箓》于齐州紫极宫。将东归蓬莱,仍羽人,驾丹丘耳。"[①]李白有《访道安陵遇盖还为余造真箓临别留赠》《奉饯高尊师如贵道士传道箓毕归北海》等诗记其事。授箓是相当繁复的道教仪式,李白竟虔诚地接受:"抑予是何者?身在方士格。"李白与元丹丘偕隐嵩山,写有《元丹丘歌》《题元丹丘居》《题元丹丘颖阳山居》《嵩山采菖蒲者》《赠嵩山焦炼师》等诗。

综上所述,宗教徒和士大夫的交游活动及其方式,是具有中国宗教文化特色的现象,影响中国文化思想和精神。在这个宗教人文化、士大夫化的过程中,审美文化发挥了中枢作用。

## 第二节 宗教史—美学史影响生成与深化的现象陈述

中国宗教史对中国美学史的影响包括审美论说和审美形态两个领域,原始新创和丰富发展两个层面,精英文化和通俗文化两个分支。

在论说方面,有些宗教徒的审美识见至为精彩。隋代释智永撰《心成颂》,言书法乃心之所成,植根于佛教思想,因佛家认为心是本源。他对书法美学中的一些法则做了具体规定,诸如"回展右肩,长舒左足。峻拔一角,潜虚半腹。间开间合,隔仰隔覆。回互留放,变换垂缩。繁则减除,疏当补续。分若抵背,合如对目。孤单必大,重并仍促。以侧映斜,以斜附曲。覃精一字,功归自得盈虚;统视连行,妙在相承起伏",论及书法虚实、偏正、繁疏等审美关系。所言书法结构,透现深厚的哲学、美学意味。例如"潜虚半腹",摒弃满、实,讲求虚、空。重视结构协调、和谐,不偏执一端,通过调节实现书体规范。他还就某些具体字法做了规定和说明,体现了书之"法"理和法"则",为唐代书法美学做了铺垫。延及唐代,僧门亚栖,于研佛之暇,酷书,踪张旭草意,其《论书》发表了对于整个中国书法史都有重要意义的见解。云:

> 凡书,通即变。王变白云体,欧变右军体,柳变欧阳体,永禅师、褚遂良、颜真卿、李邕、虞世南等,并得书中法,后皆自变其体,以传后世,俱得垂名。若执法不变,纵能入石三分,亦被号为

---

[①] 李阳冰:《〈草堂集〉序》,见郁贤皓主编:《李白大辞典》,广西教育出版社1995年版,第5461页。

书奴,终非自立之体,是书家之大要。

这一论说,鲜明地体现了书法美学主张的文化诉求。联系文学美学论,南朝萧子显说:"习玩为理,事久则渎,在乎文章,弥患凡旧,若无新变,不能代雄。"——强调"新变","变"是美学史的运行机制,也是动力品质。唯有"变",美学史才能更新,才富于生命力。这是对美学史发展的规律性揭示。在书法美学史上,则是由唐僧亚栖率先提出,和萧子显文学审美"变"论,前后映照。

释皎然所撰《诗式》是中国美学史名著,在诗审美论、诗本体论、诗创造论等一系列问题上,见解独到。皎然以禅义解诗义,首创意境说,开禅学论诗先河,对后代以禅论诗的思想影响深远。皎然《唐苏州开元寺律和尚坟铭》:"境非心外,心非境外,两不相存,两不相废。"言诗之审美意境。《重意诗例》:"但见情性,不睹文字。"言诗之审美特性。《取境》:"意静神王,佳句纵横,若不可遏,宛如神助。"言诗之审美状态。《诗有二要》:"要力全而不苦涩,要气足而不怒张。"言诗之审美格调等。皎然在《诗议》中还强调诗学互变:"凡诗者,惟以敌古为上,不以写古为能。立意于众人之先,放词于群才之表,独创虽在,使耳目不接,终患倚傍之手。"重视独创、新变,跟前述僧亚栖的"变"论,在唐代美学史上,一者诗美学,一者书美学,同代辉映,桴鼓相应。

延及宋代,同是出于僧门的南宋普闻在《诗论》中,承续皎然境界说,并进一步加以具体化:"天下之诗,莫出于二句,一曰意句,二曰境句,境句则易琢,意句难制。"

佛义肇端,以境界言诗,以禅意喻诗,此后广义的中国美学史论者,源源以入。如北宋苏轼《夜直玉堂》:"暂借好诗消永夜,每逢佳处辄参禅。"吴可《学诗诗三首》,每首的第一句均是"学诗浑似学参禅"。南宋严羽《答出继叔临安吴景仙书》:"以禅喻诗,莫此清切。"《沧浪诗话》:"大抵禅道惟在妙悟,诗道亦在妙悟。""惟悟乃为当行,乃为本色。"以禅入诗"透彻玲珑,不可凑泊,如空中之音、相中之色、水中之月、镜中之象,言有尽而意无穷"。金代元好问《答俊书记学诗》:"诗为禅客添花锦,禅是诗家切玉刀。"明代汤显祖《如兰一集序》:"诗乎,机与禅言通,趣与游道合。禅在根尘之外,游在伶党之中。要皆以若有若无为美。"清代周亮工《尺牍新钞》:"诗与禅相类。"等等。

不仅诗界，其他艺术门类亦踵其迹。明代董其昌《容台集》中以禅喻书，"禅家亦云须参活句，不参死句……学书者既从真迹得其用笔、用墨之法，然后临仿古帖，即死句亦活"，用禅悟之说阐解书法。在其中又说："余二十余年时书此帖（王羲之《官奴帖》），兹对真迹，豁然有会，盖渐修顿证，非一朝夕。假令当时力能致之，不经苦心悬念，未必契真。"他在文中直接引用了唐僧怀素之言："豁焉心胸，顿释凝滞。"认为深合己意。他又"以画参禅"，认为"画中有禅"，直书斋号"画禅室"。

释门既开，始则星星然，继则蓬蓬然，终则成为中国美学史的有机体，浮屠之功可谓大也矣。这也使得一个独特的美学史现象存在于书法领域：唐代传世名帖，至今仍为习字经典的法书，大多是书法大家欧、褚、颜、柳所书的寺院碑志铭记。例如贞观五年（631）欧阳询所书《化度寺邕禅师塔铭》，据明代郁逢庆《书画题跋记》所云："唐贞观间能书者，欧率更为最善，而《邕禅师塔铭》又其最善者。"该碑书遒、健、古、雅，为欧阳询法书第一。褚遂良于贞观间所书《伊阙佛龛碑》，清、雄、隽、厉，大有王羲之书韵。颜真卿于大历六年（771）抚州刺史任上撰《抚州宝应寺律藏院戒坛记》："大历三年，真卿忝刺抚州，东南四里，有宋侍中、临川内史谢灵运翻《大涅槃经》古台……有高行头陀僧智清者，首事修葺，安居住持。明年秋七月，真卿绩秩将满，有观察使……奏为宝应寺。"同年又有《慈恩寺常住庄地碑》。大历八年（773），颜真卿有《湖州乌程县杼山妙喜寺碑》《文殊师利菩萨碑》。颜真卿最负盛名的是《多宝塔碑》，由岑勋撰文，徐浩隶书题额，颜真卿楷书。天宝十一载（752）立于长安安定坊千福寺内。据清代王昶《金石萃编》记："碑高七尺九寸，广四尺二寸。三十四行，行六十六字。正书。"以记楚金禅师建多宝塔事，现存于西安碑林。此乃颜书代表作，浑厚凝重，如三军开帐，凛然生威。此外，柳公权书《金刚经》，"备有钟、王、欧、虞、褚、陆之体，尤为得意"①。柳公权《玄秘塔碑》与颜真卿《多宝塔碑》齐名，乃楷书传世绝品。这些现象，有力地体现了书法美学和佛教非比寻常的联系。

跟名家书名碑终成名帖的宗教史—书法史现象相辅相成的是名僧集名书。受唐太宗李世民酷爱"大王"影响，社会广集右军书，其始作俑者竟

---

① 刘昫：《旧唐书·柳公权传》，中华书局1975年版，第4312页。

是佛门弟子怀仁，撰有《圣教序》。清代刘熙载称赏"唐僧怀仁集《圣教序》，古雅有渊致"。此风一开，群体效法，遂成时尚。还据刘熙载言，除"怀仁《圣教序》"外，推僧大雅之《吴文碑》。《圣教》行世，固为尤盛，然此碑书足备一宗。盖《圣教》之字虽间有峭势，而此则尤以峭尚，想就右军书之峭者集之耳。唐太宗御制《王羲之传》曰：'势如斜而反正。'观此，乃益有味其言。"[1]学《圣教序》者日众，直接影响院体书法的形成，唐有吴通微，宋有高崇望、白崇矩等人。

佛教对美学的影响，于审美形态方面，遍布绘画、书法、雕刻、雕塑、建筑、音乐、文学等领域。

六朝绘画起始于佛教画，发展为世俗画。六朝曹不兴首创佛像画，追求形似，逼真酷肖。张彦远《历代名画记》言，曹氏绘画，"误落笔点素，因就成蝇状，权疑其真，以手弹之"。彼时亦兴临摹，曹不兴曾临摹天竺国佛像等。形似和临摹中重视比例和尺度。《太平广记》卷二百一十记曹不兴曾用"五千尺绢画一像，心敏手疾，须臾立成，头面手足，胸臆肩背，无遗失尺度"。曹不兴弟子卫协绘有七佛图，卫协弟子东晋顾恺之更是名动一时。他在江宁瓦官寺绘维摩诘像，观者如堵，一票难求，以致票价飙升，为寺院募集百万余钱，时为建康一大佳话。南朝萧梁时张僧繇，《历代名画记》载"武帝崇饰佛寺，多命僧繇画之"。张僧繇佛像画审美技法突破传统，吸受西域晕染法，创立凹凸画法。丹阳一乘寺"寺门遍画凹凸花，代称张僧繇手迹，其花乃天竺遗法，朱及青绿所成，远望眼晕如凹凸，就视即平，世咸异之，乃名凹凸寺云"[2]。这是宗教绘画乃至中国绘画美学史上具有划时代意义的成就。北朝北齐曹仲达绘佛像画，审美质感极为鲜明，衣服犹如被水打湿似的，产生了"曹衣出水"的审美符号。隋代寺院壁画主要集中地是长安，跟江南六朝恰成对照，展子虔为寺院壁画第一人。

盛唐时代寺院壁画的集中代表是吴道子，他和李白的诗、颜真卿的字表征了盛唐气象。苏轼对吴道子的绘画审美给予极高评价，赞赏道："道子画人物，如以灯取影，逆来顺往，旁见侧出，横斜平直，各相乘除，得自然之数，不差毫末。出新意于法度之中，寄妙理于豪放之外，所谓游刃余地，运

---

[1] 刘熙载：《艺概》，中华书局2009年版，第721页。
[2] 许嵩：《建康实录》（下），中华书局1986年版，第686页。

斤成风。盖古今一人而已。"①"吴带当风"遂成为审美符号,与北齐曹仲达的"曹衣出水",交互辉映。而敦煌壁画是佛教(也有道教)的艺术审美世界,斑斓多彩,极富视觉观赏力和冲击力。

书法美学上,僧怀素的狂草是狂禅精神的载体。以常态视之,浮图书法清逸闲淡,但怀素草书是气势之歌,律吕之歌,是动的舞蹈,力的旋律,乃是佛释意识的变体,正如任华《〈怀素上人草书歌〉序》中所写:"人谓尔从江南来,我谓尔从天上来。负颠狂之墨妙,有墨狂之逸才。"张谓《怀素上人草书歌》云:"奔蛇走虺势入坐,骤雨旋风声满堂。"——大叫攘臂,纵横挥洒,书姿狂放;电光霍霍,惊蛇飞鸟,气势磅礴;观者如潮,场面浩大,场景火爆。戴叔伦《怀素上人草书歌》曰"醉来为我挥健笔",是醉书,是怀素为诗人戴叔伦亲为作书,为诗人亲目所见,增添了亲验的直觉感受。"神清骨竦意真率",是其神情的逼真写照,也描述了主体的真率意态。同时,诗人尽情描述了怀素草书的逼人风姿:"始从破体变风姿",所谓"破体"就是行草。所谓"变"是由行书转入行草,这一变,风姿焕发,"一一花开春景迟",秀美可餐。"忽为",突起一变,便"壮丽"飞动,尔后"枯涩",施以枯墨。"龙蛇腾盘"是狂草飞动气韵的生动写照,"兽屹立"则表现了狂草的突兀有力。"驰毫骤墨剧奔驷",作书的奔腾之势跃然纸上。"满座失声看不及",围观者的反应强化了草书出神入化的效果。"有人细问此中妙,怀素自言初不知",他一开始作书并没有以一种明确的理性意识和观念来进行,处于非理性的迷混状态,这种状态更适合作狂草,与狂草的气韵相谐和。这是他的理性消融或沉入潜意识层中所出现的挥发。诗人指出怀素草书"势转奇"的根由在于"心手相师"。"心手相师"是一个卓越的书法美学命题。在此以前,书法美学界都是讲心授手,心为手之师,戴叔伦则把这个命题修改为心手相师。心为手之师,手又为心之师,相互作用,相互转化。这个美学命题的精辟之处更在于当手的运旋处于忘情、忘怀、下意识及惯性运作状态中时,会反转来牵动心的变化。"心手相师"双向运作的书法美学论是一个重要的理论更新,也是对怀素书法审美取得巨大成功原因的正确揭示。怀素狂禅草书之后,僧门代不乏人,如宋代言法华,元代雪庵、觉隐,明代雪峰,清代八大山人等。

---

① 苏轼:《书吴道子画后》,见北京大学哲学系美学教研室编:《中国美学史资料选编》(下册),中华书局1981年版,第38页。

雕刻、雕塑方面，著名的有大同云冈石窟。主要石窟完成于北魏迁都洛阳之前，约在北魏和平元年（460）至太和十八年（494），依自然材质，经审美加工，刻成众多佛像，大小配置适宜，如满天星斗，艺术风格融合汉代雕刻的厚重粗犷和域外的流动变化。还有洛阳龙门石窟，开凿于北魏太和十八年（494）至唐代，历时四百余年。奉先寺唐高宗时期的卢舍那巨型佛像雕刻，面部稍腴，略带不可言称的微笑，头部略向下倾，丹凤眼双睁，可与上仰的参拜者相对视，形成会心的、每人心中方能体悟出的交流。唐高宗、武周时期的夜叉像，将兽怪与人形融合起来，幻化成一种非写实性的形象，极具形象感、夸张性。也是唐高宗时期的龙门石窟的"伎乐与千佛"，那伎乐形象上部的千佛雕像大小惊人一致，出现佛像的众多群体。它极富审美成就的，乃是伎乐的雕刻，一腿盘曲，一腿下伸，形成不对称状态，也就更富于审美对象的真实感。琵琶弹奏状至为生动，更有人物飘带，具装饰作用，使单个浮雕形象不致孤独，宛转流利，飘逸飞动，极富节奏感和美态。

宗教建筑方面，天下名山僧占多，正如宋代赵抃《次韵范师道龙图》所说："可惜湖山天下好，十分风景属僧家。"悬崖峭壁上道观僧舍的兀峙，葱郁林木中梵宇佛宫的掩映，给一片天成的自然美，增添了几分人工美的色调。宗教意识的发萌，促发了秀山幽谷中道观佛宇的建造，是一种对自然的选择和占据，于是，审美意识一并以入。经过装点的自然，又吸引了士大夫的审美兴趣。这种交互现象进一步促进了自然山水审美意识的发展，自然的人化过程以及文化意义的审美器官的形成和健全。北魏杨衒之《洛阳伽蓝记》以洛阳寺院为题材对象，兼具史学性和美学性，文辞侈丽，是罕见的宗教—文学美文。

佛寺道观建筑比例对称、节奏和谐、稳重流动，丰富了民族的建筑美学内涵。佛殿道观的庄严崇高感也促进了古典崇高美感的形成，如武当山道观；四川乐山参天压地、巨硕无朋的露天大佛；杭州灵隐寺大雄宝殿，利用石阶拾级而上的结构原理，让人逐渐得其全貌，以形式给予朝拜者、观瞻者以崇高感，它甚至有一股不能不然的力量，这都使人们体验出和领略到崇高的意绪。现今唯一保存完好的唐代佛教建筑——五台山佛光寺东大殿，标识唐代佛教气象和建筑美学风格。这是典型的木构建筑，依开凿的石壁所建，改变唐前佛寺以塔为主的格局，确立以殿为主的结构。樑柱雄大，柱基敦厚，以莲瓣图形雕制而成，直径达一米，莲瓣丰厚、流动的线条美感，彰显唐代风采。单檐歇山顶，亦现唐人建筑面阔进深的特征。出檐既大且深，斗拱承托，樑枋檩木，犬牙交错，钩心斗角，组合有序，变化多端。吻兽呼应，垂脊高耸，经幢庄重，山墙装点，粗壮且精致，是一首交响乐，又是一支小夜曲。1937年6月，著名建筑学家梁思成、林徽因夫妇携助手亲为实地考察，发现这颗建筑明珠，叹为观止。

音乐美学方面，浮图佛寺"梵唱屠音，连檐接响"：佛教对中国声律美学产生影响。南齐沈约等人创立的永明体把语言声律化，为诗文的音乐美奠定了基础，为唐诗和以后的声律美学鸣其先声。永明体的诞生从佛家唱经中获得极大启发。慧皎《高僧传》曰："天竺方俗，凡是歌咏法言，皆称为呗；至于此土，咏经则称为转读，歌赞则号为梵音。"竟陵王子良"招致名僧，讲论佛法，造经呗新声"。可见，诵经是有声律的。对此，陈寅恪的《四声三问》认为："中国文士依据及摹拟当日转读佛经之声，分别定为平上去之三声，合入声共计之，适成四声。于是创为四声之说，并撰作声谱，借转读佛经之声调，应用于中国之美化文。"他接着具体论述了永明体受佛教诵经影响的原因："建康为南朝政治文化之中心，故为善声沙门及审音文士共同居住之地。二者之间发生相互之影响，实情理之当然也……竟陵王子良必于永明七年二月十九日以前即已娴习转读，故始能于梦中咏诵。然则竟陵王当日之环境可以推知也。鸡笼西邸为审音文士抄撰之学府，亦为善声沙门结集之道场。永明新体之词人既在'八友'之列，则其与经呗新声制定以前之背景不能不相关涉，自无待言……（周颙）与沈约一为文惠之东宫掾属，一为竟陵王之西邸宾僚，皆在佛化文学环境陶冶之中，四声说之创始于此二人者，诚非偶然也。"这番论述的支点是佛化的音乐、文学环境，遂创制永明声律、永明体。

在文学审美方面，宗教几乎涉及文学的所有领域：创作审美对象和创作审美主体。戏剧中《西厢记》的故事发生地点就是普济寺，才有待月西厢，孙飞虎围寺，白马将军解救，才有了听琴、酬诗、递简、赖婚、私合等一系列事件发生。《桃花扇》中有金陵栖霞寺。四大文学名著中均有宗教，《金瓶梅》多处写听尼姑"卷子"。六朝志怪小说，明清长篇神魔小说，有不少艺术形象的原型就来自宗教，即使经过加工，母体也仍然存在。佛教对文学审美的最大影响是创造了审美氛围，最后"落得个白茫茫大地真干净"；道教对文学审美的最大影响是提供了叙事文学的类型主题。中国士大夫文人几乎都有宗教情结，这是宗教历史文化的传承，宗教现实文化的浸染，如王国维在《论近年之学术界》所说："佛教之东，适值吾国思想凋敝之后。当此之时，学者见之，如饥者之得食，渴者之得饮。"谢灵运以佛性写山水诗，"诗佛"王维，"诗仙"李白，李贺，李商隐，白居易，柳宗元，苏东坡，黄庭坚……诗国文苑，共绘宗教史—文学史流光飞彩的图像。

## 第三节 宗教史—美学史普遍型经验的价值范式

中国宗教史—美学史的经验链接、融合具有普遍型意义，不限于某个特定领域，对于整个中国美学史，对于所有的审美形式，都具有深广的启示性。现概述于下。

**思潮和美学**。思潮对美学的影响，在中国宗教史—美学史上表现得十分显著。张彦远《历代名画记》描述东晋画家顾恺之所绘维摩诘像乃"清羸示病之容，凭几忘言之状"，通身的魏晋风度，完全跟《世说新语》人物品藻相映照。但是到了敦煌唐代宗教壁画《维摩变》，却出现完全不同的审美形象。它绘写了维摩诘和文殊菩萨论辩的图像，不仅有论辩者，而且有听众，形成有主有次的富于层次感的群体形象画幅。它显示了维摩诘造型的演变历程。同一对象，六朝人笔下，以忘言是尚，以病态为美。然而，到了唐代宗教壁画中却成了健朗的老者，善辩的智者，这是现实唐人的写照。它显示的是美学史发展意义和思潮的更迭意义。

就隋唐而言，亦非一成不变，也有一个嬗变历程，亦具思潮性质。从隋到初唐，留有六朝的审美痕印，宗教画人物形象清癯秀美，线条粗中有细，呈流畅之势，但色彩美感形式有所进化，运用了面晕红颜向四周扩散的手法。这些又为向盛唐的发展做了准备。盛唐宗教壁画审美对象彻底成了现实中的血肉之躯，有着人的神态、情绪，充盈丰腴，完全可以视作现实中的人物。到了中唐，宗教壁画进一步入世化，但形象描绘让位于宗教场面的渲染。到了晚唐，这一走向进一步显著，装饰功能提高，色彩俗丽，线条美感形式失去了盛唐风味。

思潮具广义性，包括社会的和文化的，不限于美学。《水浒传》体现了元代全真教思想，佛教受到嘲弄。鲁智深大闹五台山，佛头着粪，对佛教圣地显然是一种亵渎。作者笔下的和尚裴如海的丑行秽迹得到辛辣揭露，相反，则有"张天师祈禳瘟疫""宋公明遇九天玄女""公孙胜斗法破高廉"等，称颂道教法力无边，刻画道士形象，以致公孙胜还入伙水泊，在梁山忠义堂的交椅排在显著前列。明代中叶佛道合流，于是《西游记》中出现了两支并行不悖的宗教形象谱系，常常互相协助。如来等为佛教系统，太上老君一列则是道教系统。曹雪芹对道士不恭，贾敬出家为道教徒，死于炼丹。跟荣国府过从甚密的张道士，一身铜臭，以至于他的金璜玉玦，连贾母都叹为观止。那个胡诌妒妇方，通体江湖味，耍贫嘴的道士王一贴和那个弄神搬鬼的马道婆就更是等而下之，沦为道教之末。社会思潮、文化思潮是一种语境，转化为美学思潮，最终通过审美理想、审美判断、审美手段表现和凝定起来，体现美学迁替的社会心理。上述审美现象就表征了这一点。

**意象和想象**。佛教的莲花、甘霖、杨枝等，道教的昆仑、蓬莱、瑶台、王母、麻姑、青凤、洞天福地等，极大地刷新进而丰富了中国美学的意象群。缺少这些意象符号，就无法形成六朝志怪小说、《西游记》、《聊斋志异》和近现代俗文学的武侠小说。如果说，佛教的意象相对清和，道教则吊诡、奇谲，异想天开，令人精移神骇。道教的斋醮、炼丹仪式，更有视觉的炫惑感。如李白《留别曹南群官之江南》描述了他亲为炼丹的情景："闭剑琉璃匣，炼丹紫翠房。身佩豁落图，腰垂虎鞶囊。仙人驾彩凤，志在穷遐荒。"这类作品涵茹着宗教和审美的双重因素。

宗教是想象、幻想的产物，在这一点上与审美同构。李白《暮春江夏送张祖监丞之东都序》："每思欲遐登蓬莱，极目四海，手弄白日，顶摩青穹。"李贺《梦天》："遥望齐州九点烟，一泓海水杯中泻。"李商隐《玉山》："闻道神仙有才子，赤箫吹罢好相随。"这些完全是超越现实的，绝非生活本态化，根本无法用现今的文艺理论"源于生活，高于生活"来解释，全然凭空为之，审美想象力发达、灵敏、高超。也只有宗教的虚幻世界，才能点燃审美的想象火炬。这可从道教上清派茅山宗第十二代宗师、盛唐道长司马承祯创制《天地宫府图》和所撰序来解读。序中说，他深知"道本虚无"，但他"披纂经文"，借助道教文化的披览、积淀，进而升腾，发挥"临目内思，驰心有诣"的缤纷、超常想象力，"据立图象"，绘制了这幅"天元重叠，气象参差，山洞崇幽，风烟迅远"的绝世"天地宫府图"。明代中叶僧门和尚董说写《西游补》，没有中心情节，缺少中心框架，亦乏典型人物。借过火焰山一节，突然引发开去，打破时空结构和逻辑，时在秦，时在宋；时在火焰山，时在万镜楼，具有意识流特征，打破线性的小说情节传统模式；既有孙悟空，又有秦桧，复有太上老君，大有现代魔幻派的意味。一切境界，皆为心造，而实乌有。可谓匪夷所思，想落天外。鲁迅大为称道："其造事遣辞，则丰赡多姿，恍惚善幻，奇突之处，时足惊人，间以俳谐，亦常俊绝，殊非同时作手所敢望也。"[1]这是因为小说作者本身就是佛教徒，将宗教想象和审美想象相触发、融合了。再如绘画，苏轼评价吴道子宗教画曰："出新意于法度之中。"既有规范，也就是"法度"；又能出新，也就是"新意"，在两者之间出入自由，绰有余裕，方为审美上品。戴叔伦《怀素上人草书歌》"楚僧怀素工草书，古法尽能新有余"指的就是其成功地处理了古法和新法关系。吴道子宗教画，描述了原创艺术的佛教主题。对于"曹衣出水，吴带当风"的说法，郭若虚《图画见闻志》卷一曾具体阐解道："吴之笔，其势圆转，而衣服飘举；曹之笔，其体稠叠，而衣服紧窄。""吴带当风"正是一种线条形态和线条所形成的美。吴道子行笔疾速，纵横排奡，如风雨大作，改变了六朝细若游丝式的铁线描的缓慢运笔节奏，在下手快速和旋风式的运转中出现美的节律和物象的立体状态。他的线条运用经历了一个发展过程，早年行笔细巧有六朝之风，中年则行笔磊落，这跟善于借鉴和扬弃有关。他借鉴汉代绘画线条的力度，扬弃其简单和粗放；他从裴旻剑舞中获得启示，观其壮气，以助挥毫。果然，裴旻舞毕，道子奋笔，援毫图壁，飒然风起，俄顷而成，为天下奇观。他学过贺知章、张旭书法，从书法借鉴画法，丰富了线条美感。米芾《画史》对吴道子宗教画的审美特征做了这样的概括："行笔磊落，挥霍如莼菜条，圆润折算，方圆凹凸。""莼菜条"是指线条丰厚圆润，富于质感。他改变六朝绘画线条，创造丰润的"莼菜条"线，正是体现了盛唐求丰满厚重的审美理想。吴道子的宗教画集大成而自出新意。他于佛画所创的"兰叶描"，成后世楷范，进而形成了吴道子宗教画派。

**精微和广大。**致广大，尽精微，宏微相兼，大美全美，相得益彰，是中国宗教雕刻、彩塑、壁画的最大特点。敦煌莫高窟艺术，犹如繁星丽天，目不暇赏。现今的迎面九层红楼，内塑巨型弥勒佛像，高达三十四米，拔天参

---

[1] 鲁迅：《中国小说史略》，见《鲁迅全集》（第9卷），人民文学出版社1981年版，第176页。

地，雄壮无比，堪称壮美、大美，是典型的盛唐气象，让人有一种惊心动魄的感受。而为数众多的飞天形象，则使人惊叹于其优美、秀美。从所有的美学原理，如图像学、色彩学、结构学、意象学、境界学、线条学、形式学等角度观赏、研究，敦煌飞天壁画则是集其全美之典范。现今统计飞天壁画总数有六千多身，有群体像，有个体像，面广量大，栩栩如生，画师们对此情有独钟，而且从前秦建元二年（366）始凿以后至于元代，绵延不绝，从未间断，又可以说画师们对飞天形象一往情深。飞天包蕴、表征精神的自由、飞腾，莫高窟所有飞天形象，均五色纷披，七彩夺章，视觉审美感强烈。巾带飘舞，轻如蝉翼，衣裙飘动，满窟生风。线条形态表现为波折回环和飞腾起伏，有波形美和流动美。线条飘忽，富于力度，气势飞动，潇洒、空灵、轻盈。飞天长度，大者达二十米，小者竟至几厘米，又可谓尽精微。这是画，又是诗，哲思化、精神化、诗性化，最终宗教化和审美化。

**思维和心理。**中国宗教史对中国美学史的根本影响是思维内容、方式和心理结构。韩愈被贬潮州，踯躅上路，想不开："雪拥蓝关马不前。"立下遗嘱，吩咐侄孙预备后事，收拾尸骨。而苏轼遭贬黄州，处境险恶，却愉快前行，他有佛教精神支撑，想得开："也无风雨也无晴。"谪居黄州期间，一篇《记承天寺夜游》短短百余字，心境与物境融成一片，进入无差别境界。中唐草书家僧高闲欲学张旭狂草，韩愈写《送高闲上人序》力劝。韩愈此序所表达的书法美学思想和《送孟东野序》所表达的"不平则鸣"的文学美学思想相一致。书家张旭，"不平有动于心，必于草书焉发之""可喜可愕，一寓于书"，书法便成为情绪的表征和载体。而这种情绪的内涵是激荡的，形式是剧烈的，于是狂草之狂放、变幻、回旋翔舞、出入无常便成为其心理的对象化，有其狂意始有狂草。要学张旭书法，则应效法其人："利害必明，无遗锱铢，情炎于中，利欲斗进，有得有丧，勃然不释，然后一决于书。"这才是根本，但是高闲"浮屠氏，一死生，解外胶"，心地"泊然"，于世"淡然"，他的心与张旭之心判若水火，却要学张之狂草，"不得其心，而逐其迹，未见其能旭也"。宋代《宣和书谱》的说法和韩愈一致。高、张心理结构不同，心迹外化为书迹，离心而趋书，则会舍本而求末。

中唐以后士大夫文人的人生和审美情调、心理结构、艺术思维，有了较大变化，宋代尤是显例。泉石枕霞，林下风流，心理更为内敛，意绪更为淡雅，情调更为恬适，审美内容更为精细，审美形式更为精致。"淡"成为宋代美学的核心范畴，雪山寒林、萧钟古寺，成为元代不嫌重复的审美对象，各类审美样式禅意盎然。这是宗教史染化、影响的结果。

**义理和审美**。道佛义理如何"通约"和影响美学？两者的连接交契点是形成会通的内在因素。唐代陆羽《僧怀素传》记有颜真卿和怀素两位书法大家禅锋斗机的语言资料。怀素从夏云奇峰的自然现象中获得草书审美动若流云，变无常势的重要启示，会心领略。宋代黄庭坚《题绛本法帖》曰："字中有笔，如禅家句中有眼。"用禅的意识、视阈看待书法，书法体验中羼入禅意，草书尤如此。其代表作《诸上座帖》所写乃禅语，所书有禅风，长枪大戟，笔走龙蛇。他更把僧俗书法沟通、融合起来，《书草老杜诗后与黄斌老》透露了他"笔法之妙"的讯息，既学张旭、苏轼，又学怀素、高闲。明代胡应麟一方面赞同严羽《沧浪诗话》以禅喻诗，另一方面又不满其语焉不详，搔不到痒处。他在《诗薮》中说："禅则一悟之后，万法皆空，棒喝怒呵，无非至理；诗则一悟之后，万象冥会，呻吟咳唾，动触天真。然禅必深造而后能悟，诗虽悟后，仍须深造。"

禅与诗，携起手来，义理和美学也就如盐入水，融通有机，化解为中国宗教—美学又一个普遍而独特的现象。它们之间存在大量的话语转换，例如"思维""观照""体验""领悟""悟性""意境""境界""心境""语境""灵感""微妙"等等。它们直接来自宗教术语，又直接转化为中国美学的范畴、概念，繁衍成中国美学的范畴体系、概念系统。这就充分证明，中国宗教史对中国美学史的影响、渗透是巨大而深微的。

# 第九章　鲁迅与中国美学史研究

鲁迅先生和中国美学史是一个潜命题、新课题。从现象看，鲁迅有专门性的文学史著作，例如《汉文学史纲要》；专门性的小说史著作，例如《中国小说史略》，却没有专门标示美学史的著作。然而，宏观又深入地看，鲁迅之所以在文学史研究上取得高端成就，有些至今尚未被超越，内蕴了两个要素：一是文献学，一是美学和美学史。文献学是功夫，美学和美学史是识见。九层之台的文献学被美学和美学史观照得通明透亮，所以，就文学史的研究而言，鲁迅才取得罕有成就。因此，不从表面上看待，而是从内涵上发掘，鲁迅和中国美学史就成为一个显性化的命题。

综观鲁迅一生，在一系列的文学、文学史、艺术、艺术史等论著、论文、杂文、书信等的内核中深藏着美学和美学史的观念、精神和意识，这是近代以降西方美学源源传入中国，在学术研究上的鲜明路向和特点。鲁迅第一次用纯文学的观念，也就是文学审美学的观念确证了魏晋文学，找到了一个最佳也就是最切合的视阈——美学和美学史观念。他第一次用美学和美学史的观念对魏晋小说和唐代传奇做了界定，第一次用美学和美学史的观念确定了唐传奇的基本特征，第一次在近现代文化史上对汉画像美学、雕刻美学、笺谱美学等领域，表现出巨大的热情和投入搜集以及印刷、出版的大量精力，从而使其由碎片化走向系统化，他在致郑振铎和日本友人增田涉的信函中几乎必提十竹斋笺谱事——他是近现代中国美学史上的"先锋派"。

他对林林总总的美学史现象和诗人、作家的审美评价，精准老到，成为不刊之论。他对所涉中国美学史的众多见解，至今仍然保持着他那先哲的绚丽光芒，仍然为治中国美学史学者所遵循，现今许多研究无出其右，未有突破。所谓书寿高于人寿,鲁迅先生思想和智慧的基因是经典不朽的。因而对鲁迅中国美学史研究意义评估的关键是,他在众多领域是领跑者,是迎春花,是惊蛰雷,是"东风第一枝",是"我花开后"才"百花发",亮出的是前人未有、当代首先、后世响应的声音。这应该是对其历史地位判断、定位的价值标准。

## 第一节 理念:美学史观以美学观为先导

鲁迅的美学史观以其美学观为先导、基础和内核。鲁迅所运用的审美理念和范畴是先进的,站在美学时代的前列,并与时同步,散布在他的大量杂文、书信等中间,可谓触手成春,运用得游刃有余。他甚至采用了那个美学时代较少见到的纯西方美学术语,例如"有意味的形式"等。

鲁迅的美学观有鲜明性质和倾向,富于个人学理魅力。其基本内容和所构成的基本特征有以下四项:

**坚守美学本体的属性**。鲁迅是严格按照审美论解读美、确定美的。他认为美具有独立形态和品格,早在《摩罗诗力说》中,就从审美的视阈论述了中外的摩罗诗人。他对文学性质的确定则以审美论为支点,说:"由纯文学上言之,则以一切美术之本质,皆在使视听之人,为之兴感怡悦。文章为美术之一,质当亦然,与个人暨邦国之存,无所系属,实利离尽,究理弗存。故其为效,益智不如史乘,诚人不如格言,致富不如工商,弋功名不如卒业之券。特世有文章,而人乃以几于具足。"鲁迅从"纯文学"观念,实际上就是"美学"观念来论述问题(综观鲁迅的文章和言论,"纯文学""文学自觉""为艺术而艺术"等提法,就是指"美学",是"美学"的另一种指称)。而"美术",不是狭义的、教科书的,而是广义的,泛指"文学艺术"。他的这番论述意思是说,所有的文学艺术,就是使人们感受情绪愉悦的。它跟个人遭际乃至国家存亡,并无紧要关系,既无实利,又不关乎义理。它不像史籍增长智慧,也不像格言警世喻人,不像工商使人致富,也不像一纸证书可以捞取功名。文学就是文学,使人们的感觉器官得到满足,是其审美属性所规定的。因此,他把文学的审美本质归结为:"涵养人之神思,即文章之职与用也。"陶冶人的精神世界,是文学的根本职能和作用。

这番文学论的审美成色纯净度非常高,是对文学审美属性的本体确认。所以,鲁迅说:"盖诗人者,撄人心者也。"诗人"执拨一弹,心弦立应"。

美是超功利、超世俗的,"距离"产生美感,鲁迅有深度地论述了审美"距离"论。他在1925年所写的《诗歌之敌》中对摆脱和超越伦理学,运用审美学,联系物象事象做了精辟的论说。他言道:

倘我们赏识美的事物,而以伦理学的眼光来论动机,必求其"无所为",则第一先得与生物离绝。柳阴下听黄鹂鸣,我们感得天地间春气横溢,见流萤明灭于丛草里,使人顿怀秋心。然而鹂歌萤照是"为"什么呢?毫不客气,那都是所谓"不道德"的,都正在大"出风头",希图觅得配偶。至于一切花,则简直是植物的生殖机关了。虽然有许多披着美丽的外衣,而目的则专在受精,比人们的讲神圣恋爱尤其露骨。

如果把这些文字加以裁割,使之独立成体,那简直就是一篇绝妙的审美"距离"小品文。同时,鲁迅对美学和哲学做了严格的属性界定,也是在《诗歌之敌》中说的:"诗歌不能凭仗了哲学和智力来认识,所以感情已经冰结的思想家,即对于诗人往往有谬误的判断和隔膜的揶揄。"

美既是非概念性的,又不是裸露其外的,它密密层层地被裹茧在形象或意象的外壳里面,最终却又以形象或意象加以表现和呈现。鲁迅《革命文学》借唐诗为例,说明了这一审美的重要特征。他说:"唐朝人早就知道,穷措大想做富贵诗,多用些'金''玉''锦''绮'字面,自以为豪华,而不知适见其寒蠢。真会写富贵景象的,有道:'笙歌归院落,灯火下楼台。'"鲁迅借唐代白居易的这两句诗,表述了审美的形象性和蕴藉性问题。欧阳修《归田录》卷二说:"晏元献公喜评诗。尝曰:'老觉腰金重,慵便枕玉凉。'未是富贵语,不如'笙歌归院落,灯火下楼台'。此善言富贵者也。人皆以为知言。"可见美是以形象或意象为载体,并加以显现和表征的。

**表述审美体验的观念。**鲁迅对审美主体心理活动中的审美体验现象,结合审美的具体实例做了生动而深刻的论述。《看书琐记》说:"文学虽然有普遍性,但因读者的体验的不同而有变化,读者倘没有类似的体验,它也就失去了效力。譬如我们看《红楼梦》,从文字上推见了林黛玉这一个人,但须排除了梅博士的'黛玉葬花'照相的先入之见,另外想一个,那么,恐怕会想到剪头发，穿印度绸衫，清瘦，寂寞的摩登女郎；或者别的什么模样，我不能断定。但试去和三四年前出版的《红楼梦图咏》之类里面的画像比一比罢，一定是截然两样的，那上面所画的，是那时的读者的心目中的林黛玉。"鲁迅继续说："文学有普遍性，但有界限；也有较为永久的，但因读者的社会体验而生变化。北极的遏斯吉摩人和菲洲腹地的黑人，我以为是不会懂得'林黛玉型'的；健全而合理的好社会中人，也将不能懂得，他们大约要比我们的听讲始皇焚书，黄巢杀人更其隔膜。一有变化，即非永久，说文学独有仙骨，是做梦的人们的梦话。"鲁迅所重视的是社会体验和审美体验的连接性，所强调的是审美体验的差异性：没有万古不变、四海皆然的生活感受和审美体验，人们总是以自身的感受，去体验审美对象。

**显现美学趋尚的选向**。鲁迅的审美路向跟社会路向一样，矢向明确，决不含混。他否静默之美，取金刚怒目之美；弃秀色之美，尚粗放豪宕之美。如果视阴柔阳刚为一对审美范畴，鲁迅赞赏阳刚美，不喜"阴柔"美。他身为南人，却有一个阳性心理结构，其审美素质不是小桥流水，缠绵悱恻，如五代、北宋词，而是铁马秋风，匣中看剑，如初盛唐诗，其中的原因十分复杂，有家庭背景、北地生活、游学经历和个人的审美心理素质等使然。鲁迅的美学趋尚，概括起来有以下三点：

以"力度"为美。《集外集拾遗》说："自然也可以逼真，也可以精细，然而这些之外有美，有力；仔细看去，虽在复制的画幅上，总还可以看出一点'有力之美'来。"《摩罗诗力说》的解题，实际是对摩罗诗人流派诗美之"力"的解说。摩罗诗派的共同特征是："立意在反抗，指归在动作。"他们虽然风格不同，"各秉自国之特色"，但"发为光华"，灿烂辉煌，"要其大归，则趣于一"，集中到一点便是："大都不为顺世和乐之音，动吭一呼，闻者兴起，争天拒俗，而精神复深感后世人心，绵延至于无已。"他们发为"力度"之美，成为"最雄桀伟美者"。然而，鲁迅对力的美，也有性质、状态的规定，他认为"有力"与"粗暴"绝缘。《记苏联版画展览会》说："单就版画而论，使我们看起来，它不像法国木刻的多为纤美，也不像德国木刻的多为豪放；然而它真挚，却非固执；美丽，却非淫艳；愉快，却非狂欢；有力，却非粗暴，但又不是静止的，它令人觉得一种震动——这震动，恰如用坚实的步法，一步一步，踏着坚实的广大的黑土进向建设的路的大队友军的足音。"

以"粗砺"为美。《华盖集·题记》说:"我以为如果艺术之宫里有这么麻烦的禁令,倒不如不进去;还是站在沙漠上,看看飞沙走石,乐则大笑,悲则大叫,愤则大骂,即使被沙砾打得遍身粗糙,头破血流,而时时抚摩自己的凝血,觉得若有花纹,也未必不及跟着中国的文士们去陪莎士比亚吃黄油面包之有趣。"《论睁了眼看》说:"现在,气象似乎一变,到处听不见歌吟花月的声音了,代之而起的是铁和血的赞颂。"《关于翻译的通信》说:"这两部小说(《毁灭》《铁流》),虽然粗制,却并非滥造,铁的人物和血的战斗,实在够使多愁善病的才子和千娇百媚的所谓'美文',在这面前淡到毫无踪影。"鲁迅在逝世之前的1936年10月所写的《半夏小集》还说:"我希望目前的文艺家,并没有古之逸民气。""假使我的血肉该喂动物,我情愿喂狮虎鹰隼,却一点也不给癞皮狗们吃。养肥了狮虎鹰隼,它们在天空,岩角,大漠,丛莽里是伟美的壮观,捕来放在动物园里,打死制成标本,也令人看了神旺,消去鄙吝的心。"以猛禽"隼"为笔名,鲁迅不是偶一为之,而是广为使用,他还多次赞美"伟美"形态。萧军在和鲁迅的通信中提到自己从北方带来的剽悍"土匪气",鲁迅出人意料地赞赏道:"'土匪气'很好,何必克服它,但乱撞是不行的。"他不满于"满洲人住江南二百年,便连马也不会骑了,整天坐茶馆"。萧军还提到身上的"野气",鲁迅对其循循善诱,还涉及作为北方人到了上海待人接物的处世方略,像教父一样,指点迷津。他说:"这'野气'要不要故意改它呢?我看不要故意改。但如上海住得久了,受环境的影响,是略略会有些变化的,除非不和社会接触。但是,装假固然不好,处处坦白,也不成,这要看是什么时候。和朋友谈心,不必留心,但和敌人对面,却必须刻刻防备。我们和朋友在一起,可以脱掉衣服,但上阵要穿甲。您记得《三国志演义》上的许褚赤膊上阵么?中了好几箭。金圣叹批道:谁叫你赤膊?"

以"大壮"为美。非常值得注意的是鲁迅在给萧军的信中还说:"我不爱江南。秀气是秀气,但小气。"这是鲁迅对江南的最直接、最坦率、最富于个人审美倾向性的表述。也许私人通信有一定的私密性,更何况面对的是萧军这样他最为赏识的年轻朋友。鲁迅在这里完全可以爱什么,憎什么,就一一直说;欣赏什么,厌恶什么,了了分明。这也留给人们了解鲁迅个人审美趣味、倾向的极可宝贵的材料。对包括杭州在内的江南,鲁迅在文章和书信中或显或隐表现了并无好感的情绪态度。紧接着此信后面,鲁迅还有话哩，说："听到苏州话，就令人肉麻。此种语言，将来必须下令禁止。"这显然是看法偏颇、说法偏激。但这又恰恰是鲁迅的个体的裸的存在，否则，就不是鲁迅！存在，是多方面的，偏颇、偏激，也是一种存在，它活脱脱地显示了"这个"鲁迅！在此，人们又会自然联想起鲁迅的诗《阻郁达夫移家杭州》："钱王登假仍如在，伍相随波不可寻。平楚日和憎健翮，小丘香满蔽高岑。坟坛冷落将军岳，梅鹤凄凉处士林。何似举家游旷远，风波浩荡足行吟。"此诗意象的显性层面是劝阻郁达夫1933年从上海移居杭州，以避国民党的高压和迫害，诗的政治意向至为显豁。郁达夫在《回忆鲁迅》中说："这诗的意思，他（鲁迅）曾同我说过，指的是杭州党政诸人的无理高压。"鲁迅在1936年2月10日致黄苹荪的信中也说得十分清楚："仆为六七年前以自由大同盟关系，由浙江党部率先呈请通缉之人（指1930年2月，鲁迅参与发起中国自由运动大同盟，国民党浙江省党部呈请南京国民政府通缉鲁迅，报准，发秘密通缉令），'会稽乃报仇雪耻之乡'，身为越人，未忘斯义，肯在此辈治下，腾其口说哉。"这种政治意向仍然是显性的，后来的事实印证了鲁迅的话，上引郁达夫《回忆鲁迅》继续说："我因不听他的忠告，终于搬到杭州去住了，结果不出他之所料，被一位党部的先生弄得家破人亡。"然而，在显性的冰山露体之下，不是有着鲁迅"我不爱江南"的个人审美意识在发挥潜作用吗？在散文诗《野草》中，"江南的雪""滋润美艳"，"但是，朔方的雪花在纷飞之后，却永远如粉，如沙，他们决不粘连，撒在屋上、地上、枯草上，就是这样……在晴天之下，旋风忽来，便蓬勃地奋飞，在日光中灿灿地生光，如包藏火焰的大雾，旋转而且升腾，弥漫太空，使太空旋转而且升腾地闪烁"。对于南方人和北方人的性格素质，鲁迅做了这样的比较，其抑扬倾向十分显著。在致萧军和萧红的信中他说："由我看来，大约北人爽直，而失之粗；南人文雅，而失之伪。粗自然比伪好。但习惯成自然，南边人总以象自己家乡那样的曲曲折折为合乎道理。你还没有见过所谓大家子弟，那真是要讨厌死人的。"综合书信、诗歌、散文诗、美学史论、人的性格素质论等方面，鲁迅以"大壮"为美，成为其美学观的个体鲜明特色。

当然，鲁迅还常常把"粗砺美"和"大壮美"联系起来体认，抨击柔性的小巧之美。例如《小品文的危机》说："在方寸的象牙版上刻一篇《兰亭序》，至今还有'艺术品'之称，但倘将这挂在万里长城的墙头，或供在云冈的丈八佛像的足下，它就渺小得看不见了……何况在风沙扑面、虎狼成群的时候，谁还有这许多闲工夫，来赏玩琥珀扇坠、翡翠戒指呢。他们即使要悦目，所要的也是耸立于风沙中的大建筑，要坚固而伟大。"另外，他在《致李桦》中还把"大壮美"和"流动美"相结合："汉人石刻，气魄深沉雄大；唐人线画，流动如生。"

审美趋尚的取向，并不排除个人的嗜好或"偏执"，用鲁迅的话来说就是"私见"。这才能体现美学和美学史家的个性特点。鲁迅1934年11月1日写给窦隐夫的信中说："我只有一个私见，以为剧本虽有放在书桌上的和演在舞台上的两种，但究以后一种为好；诗歌虽有眼看的和嘴唱的两种，也究以后一种为好。"这些看法虽说是"私见"，但有文学史、美学史的背景。明代就有汤沈之争，也就是案头之作和场上之作的争论，显然，鲁迅的个人"私见"受到明代戏剧美学史的影响。

但有些则纯粹是个人喜好，鲁迅在致日本友人山本初枝的信中说："我是散文式的人，任何中国诗人的诗都不喜欢，只是年轻时较爱读唐朝李贺的诗。他的诗晦涩难懂，正因为难懂，才钦佩的。现在连这位李君也不钦佩了。"他在写给杨霁云的信中评说唐代诗人李商隐诗的审美特点是"清词丽句"，但指其"用典太多，则为我所不满"。虽然这种嗜好、喜爱犹如舌尖口味，既是个人的，但也给人们蠡测和把握鲁迅的美学和美学史思想，指示了门径。因为个人的喜好，究其实，则连通着背后深广的审美文化语境。

**崇尚东方美学的情调**。鲁迅谈陶元庆的绘画说："作者是夙擅中国画的，于是固有的东方情调，又自然而然地从作品中渗出，融成特别的丰神了，然而又并不由于故意的。"[①]——提到"东方情调"。在致李桦的信中说："先生之作，一面未脱十九世纪末德国桥梁派影响，一面则欲发扬东方技巧，这两者尚未能调和，如《老渔夫》中坐在船头的，其实仍不是东方人物。但以全局而论，则是东方的。"——提到"东方技巧"。"陶元庆君绘画的展览，我在北京所见的是第一回。记得那时曾经说过这样意思的话，他以新的形，尤其是新的色来写出他自己的世界，而其中仍有中国向来的魂灵——要字面免得流于玄虚，则就是：民族性。""陶元庆君的绘画，是没有这两重桎梏的，就因为内外两面，都和世界的时代思潮合流，而又未梏亡

---

[①] 鲁迅：《〈陶元庆氏西洋绘画展览会目录〉序》，见《鲁迅全集》第7卷，同心出版社2014年版，第236页。

中国的民族性。"①——提到"民族性"。"现在的文学也一样，有地方色彩的倒很容易成为世界的，即为别国所注意。打出世界上去，即于中国之活动有利。"②——提到"地方色彩"和"世界"性。另外，在短短二十天内给何白涛的两封信中都分别谈到"地方色彩"。一封信说，"在现在，艺术上是要地方色彩的"；另一封信说，"现在的世界，环境不同，艺术上也必须有地方色彩，庶不至于千篇一律"。鲁迅还谈到绘画的"地方色彩"的审美效应，"地方色彩，也能增画的美和力，自己生长其地，看惯了，或者不觉得什么，但在别地方人，看起来是既觉得非常开拓眼界，增加智识的"。在鲁迅看来，"地方色彩"的载体就是风俗画，他认为"风俗图画，还于学术上也有益处"。

鲁迅所说的"世界性""东方情调""东方技巧""中国精神""民族性""地方色彩"等，尽管发生在不同的语言环境中，但存在一种逻辑关系："地方色彩"是基础，运用"东方技巧"体现"民族性"，产生"中国精神"，焕发"东方情调"，进而具备了"世界性"。

## 第二节　首创：系列性美学史原创识见、观念的提出

鲁迅在《致台静农》信中有一番话十分值得注意。他说：

> 郑君（郑振铎）治学，盖用胡适之法，往往恃孤本秘笈，为惊人之具，此实足以炫耀人目，其为学子所珍赏，宜也。我法稍不同，凡所泛览，皆通行之本，易得之书，故遂孑然于学林之外，《中国小说史略》而非断代，即尝见贬于人。但此书改定本，早于去年出版，已嘱书店寄上一册，至希察收。虽曰改定，而所改实不多，盖近几年来，域外奇书，沙中残楮，虽时时介绍于中国，但尚无需因此大改《史略》。郑君所作《中国文学史》，顷已在上海豫约出版，我曾于《小说月报》上见其关于小说者数章，诚哉滔滔不已，然此乃文学史资料长编，非"史"也。但倘有具史识者，资以为史，以可用耳。

---

① 鲁迅：《当陶元庆的绘画展览时》，见《鲁迅全集》第3卷，同心出版社2014年版，第302页。
② 鲁迅：《致陈烟桥·1934年4月19日》，见《鲁迅书信集》上卷，第528页。

鲁迅虽直接说的是文学史，但于美学史却完全适用；虽所针对的是一部具体的史类著作，但提出了一个具有高端意义和价值的见解——史识。

治史，必备史料、史识两个条件，缺一不可。郑君《中国文学史》史料翔实，但缺史识。所以，只是"文学史资料长编，非'史'也"，不是标准形态的历史，所欠缺的是"史识"。

史识，即史学家之识见。如果说史料是骨架，史识则是大脑；史料是血肉，史识是灵魂；史料是客体因素，史识是主体因素，双翼双飞。在总史和各种类别史中具有普适性，任何一部成功的史著，概莫能外。具体而言，史识作为史家主体素养的高度凝聚和挥发，是学富五车而又通观上下数千年历史的见解、见识的精华结晶。史识是一字千金的评价，一发破的的判断。一锤就火花四溅，一言就语惊四座，一说就拍案叫绝，是人人心中有却口中无的见解。就算是历史的共识，但最终只有超逸绝伦的智者，才能想到、说出。一经说出，遂一语千钧，是魔杖的点石成金。一经言及，遂成历史定见、定论，也就成为历史的传承，流播千古。这是历史大家眼识、眼力和眼光的积淀、凝聚和焕发。非有通晓古今、非是俯仰今昔的通才、大才不能为之。

鲁迅之所以不满意资料长编的写史做法，正为寻求历史灵魂和精神的通透和灌注。鲁迅曾说："至于史，则我以为可看（一）谢无量：《中国大文学史》（已出日本，未完），（二）郑振铎：《插图本中国文学史》，（三）陆侃如，冯沅君：《中国诗史》（共三本），（四）王国维：《宋元词曲史》，（五）鲁迅：《中国小说史略》。但这些都不过可看材料，见解却都是不正确的。"鲁迅没有将自己的著作排除在"可看"之列，可谓内荐不避亲，但五种著作，包括自己的著作统统只"可看材料"，其"见解却都是不正确的"，并未偏心、护短。从这里，可以进一步看出，鲁迅对贯串史著的"见解"是何等重视。他发表的一系列"史识""见解"，遂成为经典之言，卓越地破解了众多复杂的美学史难题。鲁迅的"史识"体现在以下方面：

**以美学和美学史观念，确定时代的审美性质**。鲁迅在致王冶秋的信中说："讲文学的著作，如果是所谓的'史'的，当然该以时代来区分，'什么是文学'之类，那是文学概论的范围，万不能牵进去，如果连这些也讲，那么，连文法也可以讲进去了。史总须以时代为经，一般的文学史，则大抵以文章的形式为纬，不过外国的文学者，作品比较的专，小说家多做小说，戏剧家多做戏剧，不像中国的所谓作家，什么都做一点，所以他们做起文学史来，不至于将一个作者切开。中国的这现象，是过渡时代的现象，我想，做起文学史来，只能看这作者的作品重在那一面，便将他归入那一类，例如小说家也做诗，则以小说为主，而将他的诗不过附带的提及。"这里表面上是说文学史的体例安排，但涉及一个根本的撰写思想问题，因为体例设置最终受思想的支配。话虽不长，但其内容层次相当丰富。先是对"史"和"概论"进行比较，再对中外作家的特点进行比较，归结出"史总须以时代为经"的结论。这和王国维在《〈宋元戏曲考〉序》中所表达的思想有共通之处："凡一代有一代之文学，楚之骚，汉之赋，六代之骈语，唐之诗，宋之词，元之曲，皆所谓'一代之文学'，而后世莫能继者也。"一个时代有一个时代的文学、美学，就为文学、美学的时代性提供了依据。所以，以时代为经、文章为纬的体例和框架思想，就为叙说一定时代的文学、美学思想奠定了基础。

鲁迅1927年发表的《魏晋风度及文章与药及酒之关系》长篇重要讲演虽然是有所感而发，也有现实的动因，他在致陈濬的信中说："弟在广州之谈魏晋事，盖实有慨而言。志大才疏，哀北海之终不免也……要之一涉目前政局，便即不尴不尬……弟之处境，亦同鸡肋矣。"尽管有现实的政治感，但文本的本体论述却奠定了其在中国社会学史、魏晋文学史以及美学史上的重要地位。就魏晋文学史而言，这篇讲演和刘永济的《中古文学史》堪称双峰，当时是这样，现今还是这样。而鲁迅的"史识""见解"超刘著，涉及时代、社会，尤其涉及美学和美学史。

鲁迅率先提出"魏晋风度"，这是社会学、文化学也是美学和美学史的概念、范畴，比起"魏晋风流""名士风流"等，更能切入其特征，正如他在《病后杂谈》所说："魏晋人的豪放潇洒的风姿，也仿佛在眼前浮动。""风度"更有洒脱飘逸感。鲁迅在这篇讲演中说："汉末魏初这个时代是很重要的时代，在文学方面起一个重大的变化。""曹丕的一个时代可说是'文学的自觉时代'，或如近代所说是为艺术而艺术的一派。""为艺术而艺术"就是艺术的去政治性、超功利化，这就是美学。所以鲁迅把魏晋时代定为"文学的自觉时代"，完全是以美学和美学史的观念所做的定位，完全符合那个时代的状况和实际。

这种时代的审美特征是宏观性特征，是总体把握，见出高屋建瓴之势，有两个基本特点：

一是综合性。所谓综合性，是指把构成时代的多面因素提取起来，变成一个核心要素，然后，对时代审美理想加以确定。鲁迅在《魏晋风度及文章与药及酒之关系》中对魏晋美学的说明和概括就是这样做的。时代要素之中包括人学，如对曹操摒弃传统观念的全新评价，认为将曹操看作"戏台上那一位花脸的奸臣"，"这不是观察曹操的真正方法"。他认为："曹操是一个很有本事的人，至少是一个英雄。"这比二十世纪五六十年代史学界为曹操翻案，要早了几十年，执其先鞭。包括思想史上的魏晋玄学，如"喜欢研究《老子》和《易经》"，"喜欢空谈"，"也喜欢名理"。包括社会风气，例如"尚刑名""立法很严""影响到文章方面，成了清峻的风格。——就是文章要简约严明的意思"，至于"尚通脱"，"自然也与当时的风气有莫大的关系"，"通脱即随便之意"。包括社会风气和思想史之间的联系，如"因思想通脱之后，废除固执，遂能充分容纳异端和外来的思想，故孔教以外的思想源源引入"。包括文学的审美理论，"丕著有《典论》……那里面说'诗赋欲丽''文以气为主'"，"他说诗赋不必寓教训，反对当时那些寓训勉于诗赋的见解"。把上述的要素"归纳起来，汉末魏初的文章，可说是'清峻，通脱，华丽，壮大'"，形成了完整的时代美学风格。

二是一致性。这指美学观和美学史观的一致。前述鲁迅的"大壮"美学观，在指涉具体美学史现象时，其论述同样表达了对"大壮"的审美欣赏。《看镜有感》写道："遥想汉人多么闳放，新来的动植物，即毫不拘束，来充装饰的花纹。唐人也还不算弱，例如汉人的墓前石兽，多是羊、虎、天禄、辟邪，而长安的昭陵上，却刻着带箭的骏马，还有一匹驼鸟，则办法简直前无古人。"鲁迅继续说："汉唐虽然也有边患，但魄力究竟雄大，人民具有不至于为异族奴隶的自信心，或者竟毫未想到，凡取用外来事物的时候，就如将彼俘来一样，自由驱使，绝不介怀。"

除了社会史、思想史等领域之外，鲁迅对艺术美学本体的具体门类，也表现出欣赏"大壮"美的美学观和美学史观的一致性。他在致李桦的信中说："我以为明木刻大有发扬，但大抵趋于超世间的，否则即有纤巧之憾。惟汉人石刻，气魄深沉雄大；唐人线画，流动如生。"对美学体认和对美学史的体认，互为因果，高度统一。

**以美学和美学史观念，界别类型性文体美学的特点。**对于"六朝小说和唐代传奇文有怎样的区别"这样很难解答的试题，鲁迅运用美学和美学史观念，驾轻就熟，回答得绰有余裕。

《中国小说史略》（简称"史略"）、《六朝小说和唐代传奇文有怎样的区别？》（简称"区别"）、《中国小说的历史的变迁》（简称"变迁"）虽然不是用直接的审美术语表述，但三文氤氲着浓浓的美学气息，是以美学为核心要素写成的，人们在阅读和解读时，遂直觉审美之风拂拂扑面。例如，"史略"说："小说亦如诗，唐代而一变，虽尚不离于搜奇记逸，然叙述宛转，文辞华艳，与六朝之粗陈梗概者较，演进之迹甚明，而尤显者乃在是时则始有意为小说。""变迁"说："六朝时之志怪与志人底文章，都很简短，而且当作记事实；及到唐时，则有意识的作小说，这在小说史上可算是一大进步。"这里两处"有意为小说""有意识的作小说"，是中国小说史上一个重大标志：回归小说本体，即回归小说的审美本体属性。鲁迅"变迁"说："六朝人之志怪，却大抵一如今日之记新闻，在当时并非有意作小说。"又说："六朝人并非有意作小说，因为他们看鬼事和人事，是一样的，统当作事实；所以《旧唐书·艺文志》，把那种志怪的书，并不放在小说里，而归入历史的传记一类，一直到了宋欧阳修才把它归到小说里。"从六朝志怪到唐代传奇，从"并非有意作小说"到"有意识的作小说"即按照小说的审美规范进行小说创作，其"演进之迹甚明"，鲁迅的这种勾勒，描述的是中国小说美学史阶段性的图像。"变迁"言道："文章很长，并能描写得曲折，和前之简古的文体，大不相同了，这在文体上也算是一大进步。"所论是文体美学。由魏晋小说的"简古"，变为唐代传奇的"曲折"，是文体美学的进化。"变迁"认为："唐代传奇文可就大两样了：神仙人鬼妖物，都可以随便驱使；文笔是精细、曲折的，至于被崇尚简古者所诟病；所叙的事，也大抵具有首尾和波澜，不止一点断片的谈柄；而且作者往往故意显示着这事迹的虚构，以见他想象的才能了。"这里所说"精细""曲折""首尾""波澜""虚构"，"史略"所说"叙述宛转，文辞华艳"，都是对唐传奇审美素质和特征的概括和提炼。想象的丰富性、文笔的精细化、情节的曲折性，构成了唐传奇审美的基本要素。

《六朝小说和唐代传奇文有怎样的区别？》写道："晋人尚清谈，讲标格,常以寥寥数言,立致通显,所以那时的小说,多是记载畸行隽语的《世说》一类,其实是借口舌取名位的入门书。唐以诗文取士,但也看社会上的名声,所以士子入京应试,也须豫先干谒名公,呈献诗文,冀其称誉,这诗文叫作'行卷'。诗文既滥,人不欲观,有的就用传奇文,来希图一新耳目,获得特效了,于是那时的传奇文,也就和'敲门砖'很有关系。但自然,只被风气所推,无所为而作者,却也并非没有的。"这里论说晋代《世说新语》、唐传奇产生的社会动因,《世说新语》和名士清谈,唐传奇和"行卷"之间"很有关系"。《中国小说的历史的变迁》也对"行卷"与传奇有论述。这是重大揭示,填补空白,开拓新研究领域,不可小视其意义。但是,从鲁迅上述言论之后,在这个问题上,几十年间一片沉寂,"一飞冲青天,旷世不再鸣"。直到20世纪80年代,学者程千帆出版《唐代进士行卷与文学》,才有继响。嗣后,1984年年底,学者傅璇琮推出《唐代科举与文学》,两著对"行卷"和文学的关系做了系统论述。鲁迅在前,鸣其先声,首发其论,然后其他论者跟进,增事踵华,文学史、美学史的这个领域终于蔚为大观,形成规模效应。

**以美学和美学史话语揭示审美个体和实例的审美特点**。这方面的例证可说是面广量大。在历时性上,从先秦到清代,代代不绝;从共时性上,凡有涉及,均做点示。或三言,或两语,而一经点示,便精光四溢,令人拍案惊奇。这体现了鲁迅思想的穿透力,文字的表现力。

在鲁迅的遗存中,对文学美学、美术美学(绘画美学、雕刻美学、笺谱美学)发表的审美见解最丰。而评述的着眼点和归结点则是美学和美学史,遂成为美学和美学史识见及其话语系统的凝结,因此,评述的文字美感色彩浓郁,有些甚或成为经典之言。鲁迅在致杨霁云的信中说:"始见老庄,则惊其奥博;见《文选》,则惊其典赡;见佛经,则服其广大;见宋人语录,又服其平易超脱。"《汉文学史纲要》评儒墨散文:"儒者崇实,墨家尚质,故《论语》《墨子》,其文辞皆略无华饰,取足达意而已。"评庄子散文:"汪洋辟阖,仪态万方。"评屈原《楚辞》:"逸响伟辞,卓绝一世。""后人惊其文采,相率仿效,以原楚产,称'楚辞'。"还跟《诗经》比较:"较之于《诗》,则其言甚长,其思甚幻,其文甚丽,其旨甚明,凭心而言,不遵矩度。故后儒之服膺诗教者,或訾而绌之,然其影响于后来之文章,乃甚或在三百篇以上。"评司马迁《史记》:"史家之绝唱,无韵之《离骚》。"评司马相如赋:"不师故辙,自摅妙才,广博宏丽,卓绝汉代。""独变其体,益以玮奇之意,饰以绮丽之辞,句之短长,亦不拘成法,与当时甚不同。"《中国小说史略》评《世说新语》:"记言则玄远冷峻,记行则高简瑰奇。"等等。智慧、深情、美丽、漂亮,抑扬抗坠,节奏分明,人们吟诵这些文字,会觉荡气回肠,感受到一种特有的阅读愉快。

《中国小说史略》对《金瓶梅》的艺术成就,给予了罕见的审美评价:"作者之于世情,盖诚极洞达,凡所形容,或条畅,或曲折,或刻露而尽相,或幽伏而含讥,或一时并写两面,使之相形,变幻之情,随在显见,同时说部,无以上之。"如果说对《金瓶梅》这样一部毁誉参半、备受争议作品的审美评价,体现了鲁迅的美学和美学史胆识,那么对《红楼梦》的审美评价,就显现了鲁迅的美学和美学史眼识,他评道:"全书所写,虽不外悲喜之情,聚散之迹,而人物事故,则摆脱旧套,与在先人情小说甚不同。"《中国小说的历史的变迁》写道:"至于说到《红楼梦》的价值,可是在中国底小说中实在是不可多得的。其要点在敢于如实描写,并无讳饰,和先前叙好人完全是好,坏人完全是坏的,大不相同,所以其中所叙的人物,都是真的人物。总之自有《红楼梦》出来以后,传统的思想和写法都打破了。"《〈草鞋脚〉小引》说:"自从十八世纪末的《红楼梦》以后,实在也没有产生什么较伟大的作品。"这里的评价目光值得注意,先说摆脱旧套,打破传统,往前看,前无古人;再说后来,向后看,则后无来者。扫描上下,纵观前后,这便是美学史。

"文采"是文辞话语的美感表征和显现体。"文采"作为重要的审美标杆,常常被鲁迅用来审视和观照审美对象,用量多,频率高。《汉文学史纲要》言《楚辞》"交错为文,遂生壮采","《离骚》之异于《诗》者,特在形式藻采之间耳",还说,庄子"尤以文辞,陵轹诸子",等于说《庄子》之"文辞"盖了帽儿了,大大压过了其他先秦诸子。他在《从帮忙到扯淡》中说:"屈原宋玉,在文学史上还是重要的作家。为什么呢?——就因为他究竟有文采。"在《中国小说史略》中评论唐传奇:"然施之藻绘,扩其波澜,故所成就乃特异,其间虽或托讽喻以纾牢愁,谈祸福以寓惩劝,而大归则究在文采与意想。""文采""文辞"评价就是纯美学评价。

总之,鲁迅的审美评述,臻于三境界:精当,即切合审美对象的性质和特点;精准,言简意赅,直入审美对象的本体和内核;精美,用诗性化语言表述出来，极富美感。

**以美学和美学史范畴解读审美现象**。一部中国美学史在一定意义上就是一部美学范畴史。鲁迅熟练地掌握中国美学范畴，用以解读多门类、多品种的审美对象。例如，以"风韵""神采""雅俗""性灵""静穆""清玩""发愤抒情""真力弥满""空灵""神韵"等美学和美学史观念，公允地评述瑕瑜互见的作品和备受訾议的人物。鲁迅十分赞赏吴敬梓的《儒林外史》，并且鲁迅本人创作受其讽刺喜剧审美艺术影响很深。他在《中国小说史略》《中国小说的历史的变迁》和许多杂文中都谈到了这部小说的思想、美学成就。《中国小说史略》评之曰："烛幽索隐，物无遁形，凡官师，儒者，名士，山人，间亦有市井细民，皆现身纸上，声态并作，使彼世相，如在目前。"然而，鲁迅对其美学结构的缺陷，也未讳言："全书无主干，仅驱使各种人物，行列而来，事与其来俱起，亦与其去俱讫。虽云长篇，颇同短制；但如集诸碎锦，合为帖子。"这是鲁迅对在《我怎么做起小说来》中所自定的"坏处说坏，好处说好"审美批评原则的身体力行，自我树标。

阮大铖是南明政治舞台上的重要人物、邪恶人物，依附阉党，输敌卖友，无所不用其极，激怒东林党人广发《留都防乱揭帖》，张贴那个时代的"大字报"，把整个留都南京搅和得沸反盈天。阮大铖是一个在政治、道德、伦理上完全被否定和唾弃的人物，但他却是一个顶级的诗人、剧作家、园林家、美学家，创造了高端艺术美。他的戏曲以《燕子笺》为代表，晚明戏剧家、美学家张岱在《陶庵梦忆》中对其剧作赞不绝口："本本出色，脚脚出色，出出出色，句句出色。"其赞美真是无以复加。对于其诗歌，一代历史学大师陈寅恪的父亲、近代著名诗人陈三立在《〈咏怀堂诗集〉题记》中评赞道："芳洁深微，妙绪纷披。具体储韦，追踪陶谢。不以人废言，吾当标为五百年作者。"认为其诗美成就足以和六朝的陶渊明、谢灵运，唐代的储光羲、韦应物比肩，五百年才能出这样一位杰出的诗人，其夸奖可谓登峰造极。对于这样一个极端背反的人物，究竟如何看待？或以艺术美屏蔽品行丑，或以品行丑排斥艺术美，避之唯恐不及。而鲁迅异乎二者做法，取分解式、剥离式评价，不用传统的文品即人品的简单线性逻辑，也就是不因人废言：从政治、伦理、道德予以否定，从艺术、文学、美学予以肯定。从艺术美学相对独立存在的特性出发，为既是巨奸又是巨擘的阮大铖做了公允评价，显示了思想史大家、美学史大家的态度。鲁迅说："阮大铖还会作《燕子笺》，而此辈则并无此种伎俩，退化之状，彰彰明矣。"① "阮大铖虽奸佞，还能作《燕子笺》之类，而今之叭儿及其主人，则连小才也没有，'一代不如一代'，盖不独人类为然也。"②虽直接指斥当时的文坛丑类，但对阮大铖的评价，以寥寥数语表达得得体到位。

**以美学和美学史观念否定、颠覆既存结论。**鲁迅对已有定评、定论的传统看法和见解，采取怀疑态度，表现了其现代批判精神。

首先，反对"团圆主义"。鲁迅于1925年在《再论雷峰塔的倒掉》中发表了著名的悲剧美学观："悲剧将人生的有价值的东西毁灭给人看。"这是中国现代美学史上第一次对悲剧美所做的经典论述，至今仍被广泛引用。他在《中国小说史略》中认为，根源于"落得个白茫茫大地真干净"的悲剧性结局，《红楼梦》描写了"颓运方至，变故渐多""悲凉之雾，遍被华林"的悲剧氛围。在鲁迅看来，高鹗的续书以及其他等而下之的狗尾续貂者，给予《红楼梦》以"团圆主义"结局，完全违背曹雪芹初衷，严重削弱了这一绝代悲剧的社会意义和审美价值。他批评高鹗的续书说："贾氏终于'兰桂齐芳'，家业复起，殊不类茫茫白地，真成干净者矣。"他又说："此他续作，纷纭尚多，如《后红楼梦》《红楼后梦》《续红楼梦》《红楼复梦》《红楼梦补》《红楼补梦》……大率承高鹗续书而更补其缺陷，结以'团圆'。"这是鲁迅结合实证阐释悲剧美学观的思想亮点。

在中国常有所谓的风光"十景"，例如"西湖十景"，一些人也患有一种特殊的"十景病"，"十景"必须齐全，缺一不可。这种"十景病"，就其本质而言，还是"团圆主义"病症的表现形式。当"西湖十景"之一"雷峰夕照"的雷峰塔倒掉后，一些人为之惋惜。但是，雷峰塔的倒掉这消息却使鲁迅"有点畅快"。鲁迅尖锐地指出："我们中国的许多人——我在此特别郑重声明：并不包括四万万同胞全部！——大抵患有一种'十景病'。"当十景"跑掉了十分之一"以后，一些"雅人和信士和传统大家，定要苦心孤诣、巧语花言地再来补足了十景而后已"③。鲁迅对此很不以为然，他批判了这种"十景病"，并进而指出，在自己的"瓦砾场上修补老例是可悲

---

① 鲁迅：《致郑振铎》，见《鲁迅书信集》下卷，人民文学出版社1976年版，第723页。
② 鲁迅：《致杨霁云》，见《鲁迅书信集》下卷，人民文学出版社1976年版，第744页。
③ 鲁迅：《再论雷峰塔的倒掉》，见《鲁迅全集》第1卷，同心出版社2014年版，第99页。

的"。就在这样的语境中，鲁迅提出了上引的悲剧美学观。

鲁迅的悲剧美学观贯串于其一生的美学思想，表现在多门类的审美评价中。例如对唐代元稹的《莺莺传》，鲁迅并不欣赏。在《中国小说的历史的变迁》中说："这篇传奇，却并不怎样杰出，况且其篇末叙张生之弃绝莺莺，又说什么'……德不足以胜妖，是用忍情'。文过饰非，差不多是一篇辩解文字。"对于这样的作品，后来的改写者，还是"叙张生和莺莺到后来终于团圆了。这因为中国人底心理，是很喜欢团圆的，所以必至于如此，大概人生现实底缺陷，中国人也很知道，但不愿意说出来；因为一说出来，就要发生'怎样补救这缺点'的问题，或者免不了要烦闷，要改良，事情就麻烦了。而中国人不大喜欢麻烦和烦闷，现在倘在小说里叙了人生底缺陷，便要使读者感着不快。所以凡是历史上不团圆的，在小说里往往给他团圆；没有报应的，给他报应，互相骗骗。——这实在是关于国民性底问题。"鲁迅把"团圆主义"提到国民落后惰性的高度来认识问题，很有思想深度，并且勾连民族的普遍精神，加以批判，振聋发聩，砭肌透骨。

鲁迅晚年的杂文《病后杂谈》《病后杂谈之余》等，仍然保持着批判的锋芒，对一些作品的"团圆主义"施以猛烈抨击，足以看出，鲁迅的悲剧美学观是彻底的、一以贯之的。近代美学家王国维在《〈红楼梦〉评论》中说："吾国人之精神，世间的也，乐天的也，故代表其精神之戏曲小说，无往而不著此乐天之色彩：始于悲者终于欢，始于离者终于合，始于困者终于亨；非是而欲餍阅者之心，难矣。"王国维从民族审美心理的角度，论述了"团圆主义"的产生原因。现代作家胡适在《文学进化观念与戏剧改良》中说："团圆快乐的文字，读完了，至多不过能使人觉得一种满意的观念，决不能叫人有深沉的感动，决不能引人到彻底的觉悟，决不能使人起根本上的思量反省。例如《石头记》写林黛玉与贾宝玉一个死了，一个出家做和尚去了，这种不满意的结果方才可以使人伤心感叹，使人觉悟家庭专制的罪恶，使人对于人生问题和家庭社会问题发生一种反省。"胡适把"团圆主义"的文学视为"说谎的文学"，认为"这种'团圆的迷信'乃是中国人思想薄弱的铁证"。他明确指出，只有悲剧，才是"发人猛省的文字"，才是足以"医治我们中国那种说谎作伪思想浅薄的文学的绝妙圣药"。中国近现代的文化巨人王国维、胡适、鲁迅反"团圆主义"，虽说法各有不同，但从美学和美学史观切入，进入思想史领域，纳入现在"启蒙主义"精神主题曲却是共同的。

其次，批判"女人祸水"论。鲁迅在杂文甚至小说中，都对传统的"女人祸水"论加以尖锐的批判。《女人未必多说谎》说："譬如罢，关于杨妃，禄山之乱以后的文人就都撒着大谎，玄宗逍遥事外，倒说是许多坏事情都由她，敢说'不闻夏殷衰，中自诛褒妲'的有几个。就是妲己、褒姒，也还不是一样的事？女人的替自己和男人伏罪，真是太长远了。"《阿金》写道："我一向不相信昭君出塞会安汉，木兰从军就可以保隋；也不相信妲己亡殷，西施沼吴，杨妃乱唐的那些古老话。我以为在男权社会里，女人是决不会有这种大力量的，兴亡的责任，都应该男的负。但向来的男性的作者，大抵将败亡的大罪，推在女性身上，这真是一钱不值的没有出息的男人。"《阿Q正传》在写到阿Q摸小尼姑后，有一番反话正解的议论："中国的男人，本来大半都可以做圣贤，可惜全被女人毁掉了。商是妲己闹亡的；周是褒姒弄坏的；秦……虽然史无明文，我们也假定他因为女人，大约未必十分错；而董卓可是的确给貂蝉害死了。"这些论述虽然不关乎纯美学和形式美学，涉及的是社会史、社会学、社会伦理学的范畴，但深刻地体现了鲁迅美学和美学史思想的核心价值观和内在特征，焕发出烙有现代性印记的人文主义精神的炫目光彩。

**以美学和美学史的结合范式描述美的历程**。美是性质的确定，美学史是美的历程展示，其变化和演进是其轨道化特征。治史，无论是通史还是断代史，无论是综合史还是分类史，对史感要求是共同的。史感来自存在的历史、本真的历史，又来自史的自身变动的规律和逻辑。这就保证了历史、美学史的流动、鲜活性质。发现史料是眼光，评说史实是眼识，多种条件孕育，史感便油然而生。鲁迅描述美的历程的具体做法如下："训练"，获得"眼光""眼识"，获得对历史的感知。鲁迅面对全史，了然于胸；目扫全程，高瞻远瞩。他言说历史，总有那么一种气派，产生了强烈气场。《论"旧形式的采用"》写道："我们有艺术史，而且生在中国，即必须翻开中国的艺术史来。采取什么呢？我想，唐以前的真迹，我们无从目睹了，但还能知道大抵以故事为题材，这是可以取法的；在唐，可取佛画的灿烂，线画的空实和明快，宋的院画，萎靡柔媚之处当舍，周密不苟之处是可取的，米点山水，则毫无可取。"鲁迅对于具体的门类美学史，也是如此，源头肇始，兴衰起落，风貌特征，烂熟于心。例如，他在《介绍德国作家版画展》中说："世界上版画出现得最早的是中国，或者刻在石头上，给人模拓，或者刻在木板上，分布人间。后来就推广而为书籍的绣像，单张的花纸，给爱好图画的人更容易看见，一直到新的印刷术传进了中国，这才渐渐的归于消亡。"又如，《〈木刻纪程〉小引》说："中国木刻图画，从唐到明，曾经有过很体面的历史。"叙事描述，下坂走丸，既有历史长卷的展开，又有夹叙夹议，议论风生，像簇簇火苗闪动，睿智，精到，在展现美的历程中透出史感。

鲁迅于1933年作《〈北平笺谱〉序》，这篇仅八百多字的序文，全用文言写成。全篇史识、史笔、史才、史感，无一不佳，即令在文言体中，亦可称为经典传世范文，堪入新《古文观止》，令人不禁油然而生敬意，肃然脱帽鞠躬。现引录部分文字于下（为突出笺谱美学史的历程和史感，在分段分节时，引者做了调节）：

> 镂像于木，印之素纸，以行远而及众，盖实始于中国。

> 法人伯希和氏从敦煌千佛洞所得佛像印本，论者谓当刊于五代之末，而宋初施以采色，其先于日耳曼最初木刻者，尚几四百年。

> 宋人刻本，则由今所见医书佛典，时有图形；或以辨物，或以起信，图史之体具矣。降至明代，为用愈宏，小说传奇，每作出相，或拙如画沙，或细于擘发，亦有画谱，累次套印，文彩绚烂，夺人目睛，是为木刻之盛世。清尚朴学，兼斥纷华，而此道于是凌替。

> 光绪初，吴友如据点石斋，为小说作绣像，以西法印行，全像之书，颇复腾踊，然绣梓遂愈少，仅在新年花纸与日用信笺中，保其残喘而已。

> 及近年，则印绘花纸，且并为西法与俗工所夺，老鼠嫁女与静女拈花之图，皆缈不复见；信笺亦渐失旧型，复无新意，惟日趋于鄙倍。

仅就文笔而言，不是杂文的嬉笑怒骂，俏皮幽默，而是典雅凝重，辞采斐然，晶莹圆润，玲珑剔透。

鲁迅在陈述、勾勒美学史时，始终用动态哲学、美学观来观照、看待，视其为变动不居的现象。他大致采取了以下论述方式：

**源流论**。《介绍德国作家版画展》认为："世界上版画出现得最早的是中国。"确定了版画美学史上的最早源头，也就获得了最初话语权。《〈无名木刻集〉序》说："木刻是中国所固有的。"《〈全国木刻联合展览会专辑〉序》写道："木刻的图画，原是中国早先就有的东西。唐末的佛像，纸牌，以至后来的小说绣像，启蒙小图，我们至今还能够看见实物。而且由此明白：它本来就是大众的，也就是'俗'的。明人曾用之于诗笺，近乎雅了。"追根溯源，把其间的历史演变线条叙述得一清二楚。鲁迅的描述不是简单的线性勾画，而对于源流形成的因素也予以揭示。《连环图画琐谈》说："宋元小说，有的是每页上图下说，却至今还有保留，就是所谓'出相'；明清以来，有卷头只画书中人物的，称为'绣像'。有画每回故事的，称为'全图'。那目的，大概是在诱引未读者的购读，增加阅读者的兴趣和理解。"读者的兴趣需要成为连环画美学发展的重要动因。

**进化论**。鲁迅在致唐英伟的信中谈到木刻美学的发展史说："人是进化的长索子上的一个环，木刻和其他的艺术也一样，它在这长路上尽着环子的任务，助成奋斗，向上，美化的诸种行动。"一种文体美学衰落，另一种文体美学兴起。鲁迅在《小品文的危机》中说："唐末诗风衰落，而小品放了光辉。"就属于这种情形。他继续说："但罗隐的《谗书》，几乎全部是抗争和愤激之谈，皮日休和陆龟蒙自以为隐士，别人也称之为隐士，而看他们在《皮子文薮》和《笠泽丛书》中的小品文，并没有忘记天下，正是一塌胡涂的泥塘里的光彩和锋芒。"他在《中国小说史论》中说："宋一代文人之为志怪，既平实而乏文采，其传奇，又多托往事而避近闻，拟古且远不逮，更无独创之可言矣。"在志怪、传奇衰落之际，"平话"悄然崛起，"然在市井间，则别有艺文兴起，即以俚语著书，叙述故事，谓之'平话'，即今所谓'白话小说'者是也"。唐诗过后是宋词，宋词过后是元曲……一个时代有一个时代的代表性文体美学，这就是鲁迅文学史或美学史"以时代为经"提法的另一层含义。

**变迁论**。鲁迅在《中国小说的历史的变迁》中说："小说到了唐时，却起了一个大变迁。"这是相对于魏晋小说而言的，标准意义上的小说美学形态出现了，所以鲁迅接着说，唐传奇的诞生"在小说史上可算是一大进步"。

以上三种形式，因史而论，论从史出，切合对象，表达了鲁迅对中国美学史宏观性观照和把握的方式。而上述所论，又集中体现了鲁迅的美学史观。《难得糊涂》说："风格和情绪、倾向之类，不但因人而异，而且因事而异,因时而异。"鲁迅的美学史观是变化、流动的,生香活色。因为有这样的美学史观,就带来了相应的方法论。

**自铸妙论**。因了在治史、治美学史中,鲁迅犀利的眼识、独特的表达、超逸的话语,在评述审美现象时,总是不落凡近,落地有声,精美绝伦。例如,鲁迅在致杨霁云的信中说:"我以为一切好诗,到唐已经被做完,此后倘非能翻出如来掌心之'齐天大圣',大可不必动手。"唐诗顶峰论,至今仍为治中国诗史学者所乐道,而这种表述借助于比喻便显得生动有趣。他在致李桦的信中又说:"我以为宋末以后,除了山水,实在没有什么绘画,山水画的发达也到了绝顶,后人无以胜之,即使用了别的手法和工具,虽然可以见得新颖,却难于更加伟大,因为一方面也被题材所限制了。"宋画顶峰论,也是别具眼光的,并分析"后人无以胜之",难乎为继的原因,将之归结为题材限制所致。鲁迅在《记苏联版画展览会》说:"我们的绘画,从宋以来就盛行'写意',两点是眼,不知是长是圆,一画是鸟,不知是鹰是燕,竞尚高简,变成空虚。"对宋画写意性、抽象性的审美概括,十分独到。这些见解一经提示、点拨,令人恍然顿悟,会心领略。这就是妙论的效果。

**呼应思潮**。"五四"时期散文界和美学界对晚明散文和美学表现出了热情和赞赏,以周作人为代表,他写的散文如《乌篷船》等,有很浓的名士味,承续了晚明散文小品的美学情味。周作人《〈陶庵梦忆〉序》一文中说:"明清有些名士派的文章,觉得与现代文的情趣几乎一致,思想上固然难免有若干距离,但如明人所表示的对于礼法的反动则又很有现代的气息了。"这在当时已经成为美学思潮。鲁迅看到了这一点,《杂谈小品文》说:"现在的特重明清小品,其实是大有理由,毫不足怪的。"对此加以呼应,从文学史、美学史对晚明散文小品做了肯定性评价。《骂杀与捧杀》说:"这班明末的作家,在文学史上,是自有他们的价值与地位。"《小品文的危机》说:"明末的小品虽然比较的颓放,却并非全是吟风弄月,其中有不平,有讽刺,有攻击,有破坏。这种作风,也触着了满洲君臣的心病,费去许多助虐的武将的刀锋,帮闲的文臣的笔锋,直到乾隆年间,这才压制下去了。"鲁迅在致增田涉的信中说:"明末公安、竟陵两派的作品也大受排斥,其实这两派作者,当时在文学上影响是很大的。"相关文字不是见于一两处,而是多次表述,鲁迅对此可谓呼应有方。

**回归现实**。鲁迅在《又是"莎士比亚"》中有一句几成经典的名言："'发思古之幽情'，往往为了现在。"一语点透了古典和现实的关系。就研究中国美学史而言，鲁迅立足于现实、当下，这是鲁迅美学史思想的一个重要内容并构成其特点，在绘画美学和雕刻美学上，表现得尤其明显。就连环图画美学这一具体的门类而言，鲁迅在《"连环图画"辩护》中说，他"更注意于中国旧书上的绣像和画本，以及新的单张的花纸"。鲁迅的眼光注意、聚焦，是有目的、意图的，其落点十分明确，他主张刻连环画，要多采用旧画法。

鲁迅中国美学史研究"为了现在"，眼界宏放，世界性、历史性、现实性，三者合一。他曾以日本的浮世绘为例，说："日本的浮世绘，何尝有什么大题目，但它的艺术价值却在的。"他提出了发展版画美学的途径——广采中西，汲纳古今，在致李桦的信中说："倘参酌汉代的石刻画像，明清的书籍插图，并且留心民间所赏玩的所谓'年画'，和欧洲的新法融合起来，也许能够创出一种更好的版画。""我以为中国新的木刻，可以采用外国的构图和刻法，但也应该参考中国旧木刻的构图模样，一面并竭力使人物显出中国人的特点来，使观众一看便知道这是中国人和中国事。"[①]他在《〈木刻纪程〉小引》又说："别的出版者，一方面还正在绍介欧美的新作，一方面则在复印中国的古刻，这也都是中国的新木刻的羽翼。采用外国的良规，加以发挥，使我们的作品更加丰满是一条路；择取中国的遗产，融合新机，使将来的作品别开生面也是一条路。"回归现实，"为了现在"使鲁迅的美学史观具备了实践致用性的美学品格。

## 第三节 方法：多元化美学史方法论的运用

鲁迅中国美学史研究成就的取得，离不开方法论的正确运用。美学史和方法论互为规范和促进，多元化方法论融会贯通且行之有效：吸收传统，驾轻就熟，但能自由发挥，如同己出；引进西方，则如盐入水，了无痕迹。传统和西方，两者交叉，且融汇一体，左右逢源，运用自如。大致来说，有社会和社会史学方法、文化人类学、地理文化学、审美文化比较学、"三顾

---

① 鲁迅：《致何白涛》，见《鲁迅书信集》上卷，人民文学出版社1976年版，第460页。

及"等方法论。

**社会和社会史学**。鲁迅有两段方法论的名言,一是在《中国小说史略》中说的"风气渐变,并及文林"。一是"三顾及",他在《"题未定"草（七）》中说:"我总以为倘要论文,最好是顾及全篇,并且顾及作者的全人,以及他所处的社会状态。"有很浓的社会学方法论色彩,而这又是鲁迅一贯的方法论主张,《魏晋风度及文章与药及酒之关系》就说:"我们想研究某一时代的文学,至少要知道作者的环境、经历和著作。"

"三顾及"对于中国美学史传统的知人论世方法论有继承。《孟子·万章下》说:"颂其诗,读其书,不知其人,可乎？是以论其世也。是尚友也。"王国维《〈玉溪生诗年谱会笺〉序》说:"由其世知其人,由其人逆其志,则古诗虽有不能解者寡矣。"鲁迅也多次直接提到"知人论世",例如,《且介亭杂文·序言》说:"倘要知人论世,是非看编年的文集不可的。"

"风气渐变,并及文林"的社会学—文学研究方法论和"三顾及"的顾及作者"所处的社会状态"互相交合,总体命题,如鲁迅《现今的新文学的概观》所说:"各种文学,都是应环境而产生的。"

在社会史和美学史的联系方面,包含时代因素和美学史,思想史和美学史等内容。鲁迅对魏晋美学的时代、社会语境论述尤多,而且对整体性美学史和阶段性美学史都贯串使用这一方法论思想。就整体性美学史而言,鲁迅《魏晋风度及文章与药及酒之关系》说:"汉文慢慢壮大是时代使然,非专靠曹氏父子之功的。"就阶段性美学史而言,有汉末、魏末、晋末三个历史阶段。具体论析如下:汉末"通脱"。鲁迅说:"为什么要尚通脱呢？自然也与当时的风气有莫大的关系。因为在党锢之祸以前,凡党中人都自命清流,不过讲'清'讲得太过,便成固执,所以在汉末,清流的举动有时便非常可笑了。""深知此弊的曹操要起来反对这种习气,力倡通脱。"魏末嵇康清峻、阮籍慷慨。鲁迅引刘勰《文心雕龙》的话:"嵇康师心以遣论,阮籍使气以命诗。"进而指出:"这'师心'和'使气',便是魏末晋初的文章的特色。"后来,社会风气大变,清谈之风大盛,"作假的人就很多,在街旁睡倒,说是'散发',以示阔气"。社会风气和审美情调同步发展,"正始名士和竹林名士的精神灭后,敢于师心使气的作家也没有了"。东晋、晋末社会风气两次变化,审美情调也随之变化。"到东晋,风气变了。社会思想平静得多,各处都夹入了佛教的思想。再至晋末,乱也看惯了,篡也看惯了，文章便更和平。代表平和的文章的人有陶潜。"

既然社会史和美学史相联系的命题有普适度，那么，有什么样的社会环境就会有什么样的美学形态出现，诚如鲁迅《〈近代木刻选集〉（2）小引》所说："'放笔直干'的图画，恐怕难以生存于颓唐、小巧的社会里的。"

社会学—文学、美学方法论，还有一层含义，即用社会意义、价值作为区分文学审美形态的内在依据。《帮忙文学与帮闲文学》说："中国文学从我看起来，可以分为两大类：（一）廊庙文学，这就是已经走进主人家中，非帮主人的忙，就得帮主人的闲；与这相对的是（二）山林文学。唐诗即有此二种。"

就思想史和美学史的关系而言，鲁迅在《中国小说史略》和《中国小说的历史的变迁》中对中国思想史上的魏晋清议、清谈和美学的关系论之甚详。"汉末士流，已重品目，声名成毁，决于片言，魏晋以来，乃弥以标格语言相尚，唯吐属则流于玄虚，举止则故为疏放，与汉之唯俊伟坚卓为重者，甚不侔矣。盖其时释教广被，颇扬脱俗之风，而老庄之说亦大盛，其因佛而崇老为反动，而厌离于世间则一致，相拒而实相扇，终乃汗漫而为清谈。渡江以后，此风弥甚。"写于1924年的《中国小说史略》距今九十多年，思想史界对魏晋清谈的学术研究成果可谓夥颐，但鲁迅之论仍然保持未曾消退的先知光彩。

魏晋思想史对文学、美学影响的最重要成果是《世说新语》，其审美格调"玄远冷峻""高简瑰奇"，从而成为"一部名士底教科书"。至于志怪小说，如"阳羡鹅笼"的故事所传达的思想，不是中国所固有的，乃完全受了印度思想的影响——外来思想影响同样在志怪小说的审美格调上烙下了印记。

《中国小说的历史的变迁》说："宋时理学极盛一时，因之把小说也多理学化了，以为小说非含有教训，便不足道。但文艺之所以为文艺，并不贵在教训，若把小说变成修身教科书，还说什么文艺。宋人虽然还作传奇，而我说传奇是绝了，也就是这意思。"这里，一是讲述了宋代理学和小说美学的状况，否定了理学化的倾向，体现了鲁迅维护美学本体性质的卓越之处；一是回归"美学史观以美学观为先导"的论题。鲁迅对宋代小说美学理学化的批评，最终以其美学观为基础："若把小说变成修身教科书，还说什么文艺。"这就再次显示出鲁迅美学观和美学史观连接的紧密性。

**文化人类学**。在中国近现代文化史上，鲁迅是较早收集神话资料和研究神话学的学人。他把西方的神话原型说、文化人类学的方法论引入文学和美学。鲁迅的文化思想中有一个稳定的文化认知，即神话是文学、美学的重要母体。这在《中国小说史略》和《中国小说的历史的变迁》中均有开宗明义的表述。"史略"文本的正文是《神话与传说》，"变迁"第一讲就是《从神话到神仙传》，分别说道："神话不特为宗教之萌芽，美术所由起，且实为文章之渊源。""在古代，不问小说或诗歌，其要素总离不开神话。"他以实证方法，"求之诗歌，则屈原所赋，尤在《天问》中，多见神话与传说"。神话起源说，对鲁迅的美学思想影响很大。神话原型说，不限于文体样式，即不限于小说、诗歌等文体样式所受的神话泽惠，而且扩及普遍的审美经验，追溯审美的渊源，母体是如何为中国文学、美学输送基因的。鲁迅给傅筑夫、梁绳袆的信中系统表达了一个重要的文化思想："中国人至今未脱原始思想，的确尚有新神话发生，譬如'日'之神话，《山海经》中有之，但吾乡（绍兴）皆谓太阳之生日为三月十九日，此非小说，非童话，实亦神话，因众皆信之也。"他殷切期望傅、梁二位把神话文献资料进行搜集、分类、整理："起源则必甚迟，故自唐以迄现在之神话恐亦尚可结集，但此非数人之力所能作，只能待之异日，现在姑且画六朝或唐（唐人所见古籍，较今为多，故尚可搜得旧说）为限可耳。"

**地理文化学**。鲁迅在《汉文学史纲要》中用地理文化学来解读《诗经》审美特征的产生原因："《诗》三百篇，皆出北方，而以黄河为中心。其十五国中，周南、召南、王桧、陈、郑在河南，邶、鄘、卫、曹、齐、魏、唐在河北，豳、秦则在泾渭之滨，疆域概不越今河南、山西、陕西、山东四省之外。其民厚重，故虽直抒胸臆，犹能止乎礼义，忿而不戾，怨而不怒，哀而不伤，乐而不淫，虽诗歌，亦教训也。"对《楚辞》的审美特征，鲁迅《汉文学史纲要》也是用地理文化学来解读："《离骚》产地，与《诗》不同，彼有河渭，此则沅湘；彼惟朴樕，此则兰茝。又重巫，浩歌曼舞，足以乐神，盛造歌辞，用于祀祭。""俗歌俚句，非不可沾溉词人，句不拘于四言，圣不限于尧舜，盖荆楚之常习，其所由来者远矣。"

**审美文化比较学**。鲁迅《汉文学史纲要》对《离骚》与《诗经》的比较，是从美学着眼的，他明白地说："实则《离骚》之异于《诗》者，特在形式藻采之间耳。""形式藻采"就是审美素质。然而，这种比较又和地理文化学相联系。"形式文采之所以异者，由二因缘，曰时与地。""时与俗异，故声调不同；地异，故山川神灵动植皆不同。惟欲婐简狭，留二姚，或为北方人民所不敢道，若其怨愤责数之言，则三百篇中甚于此者多矣。楚虽蛮夷，久为大国，春秋之世，已能赋诗，风雅之教，宁所未习，幸其固有文化，尚未沦亡，交错为文，遂生壮采。""古者交接邻国，揖让之际，盖必诵诗，故孔子曰：'不学诗，无以言。'周室既衰，聘问歌咏，不行于列国，而游说之风寖盛，纵横之士，欲以唇吻奏功，遂竞为美辞，以动人主……自叙其来，华饰至此，则辩说之际，可以推知。余波流衍，渐及文苑，繁辞华句，固已非《诗》之朴质之体式所能载矣。"鲁迅对所持之论有深入的分析：一定的地理环境和政治生态发生变化，也就孕生了一定的文化习俗。文化习俗又有历史的传承脉络，相因成习。楚文化、文学、美学是楚地和中原文化、文学、美学融汇的产物，"交错为文"。其审美情趣和审美格调，"遂生壮采"，犹如黄钟大吕一般。鲁迅还在《中国小说的历史的变迁》比较了唐人和宋人小说的差异及其所形成的社会史、思想史原因。他写道："唐人大抵描写时事，而宋人则极多讲古事。唐人小说少教训，而宋则多教训。大概唐时讲话自由些，虽写时事，不至于得祸；而宋时则讳忌渐多，所以文人便设法回避，去讲古事。"

由"三顾及"方法论出发，鲁迅反对"选本""摘句"，面向全篇，面对全人。《集外集·选本》以及《"题未定"草（六至九）》就是集中剖析这一问题的集束性杂文，维护了文学、美学、美学史研究和评判的完整机制。他认为，"倘要研究文学或某一作家"，应拒绝"选本"，"选本所显示的，往往并非作者的特色，倒是选者的眼光。眼光愈锐利，见识愈深广，选本固然愈准确，但可惜的是大抵目光如豆，抹杀了作者真相的居多"。选本往往表明选者的眼光、态度和水平，不能体现原作者的全部意图、风貌。鲁迅批评"选本"，进而批评"选学"。他认为："还有一样最能引读者入于迷途的，是'摘句'。"鲁迅用一比喻，说明摘句的偏颇，"它往往是衣裳上撕下来的一块绣花，经摘取者一吹嘘或附会，说是怎样超然物外，与尘浊无干，读者没有见过全体，便也被他弄得迷离惝恍"。鲁迅用陶渊明"悠然见南山"这个最显著的例子来说明，摘句"捏成他单是一个飘飘然"的人物，"忘记了陶潜的《述酒》和《读山海经》"。这是"摘句作怪"的结果。鲁迅又以东汉文学家、书法家蔡邕为例，说明顾及全人、全篇的重要性。而全人失真,来自于全篇失衡,具有内在逻辑联系。"蔡邕,选家大抵只取他的碑文,使读者仅觉得他是典重文章的作手,必须看见《蔡中郎集》里的《述行赋》(也见于《续古文苑》),那些'穷工巧于台榭兮,民露处而寝湿。委嘉谷于禽兽兮,下糠秕而无粒'……的句子,才明白他并非单单的老学究,也是一个有血性的人,明白那时的情形,明白他确有取死之道。"

在鲁迅笔下,"三顾及"举例最多、表述得最充分的是陶渊明,涉及作品、人品、艺品和社会状况、文学风格、审美风貌等。在《"题未定"草(六)》中,鲁迅说:"我每见近人的称引陶渊明,往往不禁为古人惋惜。"因此,鲁迅从总体出发,描述了和定位了陶诗全篇的整体特点和全人的总体风貌,也便形成了"三顾及"的典型案例:

> 被选家录取了《归去来辞》和《桃花源记》,被论客赞赏着"采菊东篱下,悠然见南山"的陶潜先生,在后人的心目中,实在飘逸得太久了,但在全集里,他却有时很摩登,"愿在丝而为履,附素足以周旋。悲行止之有节,空委弃于床前",竟想摇身一变,化为"阿呀呀,我的爱人呀"的鞋子,虽然后来自说因为"止乎礼义",未能进攻到底,但那些胡思乱想的自白,究竟是大胆的。就是诗,除论客所佩服的"悠然见南山"之外,也还有"精卫衔微木,将以填沧海。刑天舞干戚,猛志固常在"之类的"金刚怒目"式,在证明他并非整天整夜的飘飘然。这"猛志固常在"和"悠然见南山"的是一个人,倘有取舍,即非全人,再加抑扬,更离真实。

这就表现了鲁迅对陶渊明的完整认知——是"二重性格组合"的人。他甚至从诗文中发现了陶氏的生活状况,并不如人们通常所说的贫寒和窘迫。《隐士》写道:"陶渊明先生是我们中国赫赫有名的大隐,一名'田园诗人',自然,他并不办期刊,也赶不上吃'庚款',然而他有奴子。汉晋时候的奴子,是不但侍候主人,并且给主人种地,营商的,正是生财器具。所以虽是渊明先生,也还略略有些生财之道在,要不然,他老人家不但没有酒喝,而且没有饭吃,早已在东篱旁边饿死了。"鲁迅给杨霁云的信中也同样说道:"靖节先生不但有妾,而且有奴,奴在当时,实生财之具,纵使陶公不事生产,但有人送酒,亦尚非孤寂人也。"这就把整天飘飘然似乎不食人间烟火的陶渊明从仙坛拉回到人世间来了。

"三顾及"顾及社会状态,与社会学—美学的方法论相贯通。鲁迅在《魏晋风度及文章与药及酒之关系》中说,他发现了陶集中的《述酒》诗,"可见他于世事也并没有遗忘和冷淡"——未能忘情,颠覆了其超然物外的传统印象。然而,"三顾及"方法论的科学性是以旧学新知融合为基础的,没有《嵇康集》《古小说钩沉》《唐宋传奇集》等校雠、整理的文献学的"旧学",何能发出"三顾及"的"新知"之论!正因为如此,鲁迅在这方面才显得底气十足,拥有无可争辩的话语权。

## 第四节 意义:近现代中国美学史研究上的大纛

鲁迅对魏晋美学进行研究,原创性地提出了"魏晋风度",成为固化了的概念和范畴,借用《白莽作〈孩儿塔〉序》的话来说,是"林中的响箭""进军的第一步",对美学界影响甚巨。鲁迅对魏晋社会和美学风气及其变化,对玄学思想与审美格调,对建安美学、正始美学、魏晋诗学、嵇康美学的礼教表里一致性,对阮籍美学的内在特征揭示,对陶潜诗美学的整体性把握等,都有精深独到的研究,不仅昭示其本身价值,而且提供了美学史范式。改革开放以来,美学界出现了旌旗蔽空的大军,批量性的美学和美学史论著、论文,只要涉及魏晋美学和美学史——这个中古美学史区段时,无一绕道而行,没有不遵奉前驱,引用鲁迅观点的。因为鲁迅做了历史真理性的表述,代表了对这个断代美学史研究的最高水平,遂成为整个美学界的共同财富。

鲁迅对中国美学史研究的总体品位、格调,不是复古主义,他一生都是向前、向上,跟复古、倒退宣战、开战的。他之所以反对朱光潜的静默论,也应当从这个角度来解读。另外,从对一个具体事件的表态中,也可以看出来:他在给黎烈文的信中说:"我们要保存清故宫,不过不将它当作皇宫,却是作为历史上的古迹看。"把故宫作为社会史、文物史、美学史的实体遗存来对待,其气派之高远,跟王国维拖长辫子入宫觐见,称逊帝宣统"皇上",不可伦比。鲁迅美学和美学史观的核心是现代性,理念"前卫",毫无"国粹"意识。

鲁迅回头看域内美学的历史留存,总是一方面看到对域外的吸收,受到外来影响:"就绘画而论,六朝以来,就大受印度美术的影响。"一方面表现出特有的大家风范和立场。正如前引《论"旧形式的采用"》对宋院画弃其"萎靡柔媚",取其"周密不苟",这种态度和做法,即使在改革开放的今天,也是难能可贵的。鲁迅放眼看域外美学的新鲜成果,就主张世界性和民族性的结合。例如绘画美学,《当陶元庆君的绘画展览时》认为:"和世界的时代潮流合流,而又未梏亡中国的民族性。"鲁迅说:"世界的时代潮流早已六面袭来,而自己还拘禁在三千年陈的桎梏里。于是觉醒,挣扎,反叛,要出而参与世界的事业。"在20世纪20年代,鲁迅发出这样的"呐喊",其时代眼光、社会眼光、世界眼光、美学和美学史眼光,绝对是空谷足音,惊世骇俗。

鲁迅的中国美学史研究没有头巾气、蔬笋气、冬烘气,不是贵族美学,而是平民美学。他的美学和美学史的姿态不是仰视,而是平视,表现出替大众美学、通俗美学张目的立场、姿态。他在写给姚克的信中说:"歌,诗,词,曲,我以为原是民间物,文人取为己有,越做越难懂,弄得变成僵石。"一篇《门外文谈》的关键词、主题曲就是为通俗、民间文学、美学争一席之地。

鲁迅承继中国美学史思想是广泛和深刻的。遍观鲁迅文学、美学的全部作品,他引述最多的是刘勰的《文心雕龙》,这部体大虑精的美学论著几乎涵盖了文学领域美学和美学史的所有问题。以怀疑论见长的鲁迅却对刘勰全无异议、异见,适足看出对这位先贤、美学和美学史思想家的尊重和服膺。然而,鲁迅对传统思想既有承续的一面,还有发展的一面。例如鲁迅对陶渊明的评价,有对南宋思想家、美学家朱熹明显的继承因素——《朱子语类》说:"陶渊明说尽万千言语,说不要富贵,能忘富贵,其实是大不能忘。""隐者多是带气负性之人为之,陶欲有为而不能者也。又好名。""陶渊明诗,人皆说是平淡,据某看,他自豪放,但豪放得不觉耳。其露出本相者,是《咏荆轲》一篇,平淡底人如何说得这样言语出来。"这些看法与鲁迅有联系,然而,鲁迅的见解,更为切中肯綮,对"二重思想组合"("悠然见南山"和"猛志固常在")一语破的,更有辩证法的味道。

文笔之争,是六朝美学史的重要事件,刘勰、萧统、萧绎、萧子显,甚至连史学家兼美学家的范晔都发表了看法、议论,绵延几代。虽然鲁迅在《汉文学史纲要》中引述刘勰、萧绎之见,但鲁迅之论却更从美学和美学史的高度提出问题和归纳结论。他写道:"盖其时文章界域,极可弛张,纵之则包举万汇之形声,严之则排摈简质之叙记,必有藻韵,善移人情,始得称文。其不然者,概谓之笔。辞笔或诗笔对举,唐世犹然,逮及宋元,此义遂晦,于是散体之笔,并称曰文,且谓其用,所以载道,提挈经训,诛锄美辞,讲章告示,高张文苑矣。"扣合"文"之"藻饰""移情"的功能、性质,其论更富于美学和美学史色彩了。

观鲁迅一生,大致而言,其美学和美学史研究思想可划为三个阶段,早期《摩罗诗力说》《拟播布美术意见书》等,系统表述美学思想,建构现代性的美学理论。中期以《中国小说史略》《汉文学史纲要》等为标志,打造中国小说美学、文学美学及其美学史。晚期以南阳画像石和《北平笺谱》《十竹斋笺谱》等为对象,铸合画像石美学、雕刻美学、笺谱美学等艺术美学及其美学史。筚路蓝缕,以启山林,鲁迅的研究富有开拓性的贡献。

汉画像石,古拙素朴,缤纷多姿,和汉大赋一起述说和表征着炎汉轰轰烈烈的审美理想、美学气象。汉画像石发源地南阳有独特的自然地理生态环境和人文环境,地处豫西南,远古时代曾是"夏路",成为楚地和中原的地理、文化交汇地区。南阳是东汉光武帝刘秀的老家,是"帝乡",是发祥地,王公勋戚、功臣大吏,多居于此。其时其地,厚葬成风,极一时之盛。宫阙、墓室等,无不华丽装饰,竞相豪奢。举凡天上人间,诸景毕备;神话传说,无所不致;动植百虫,应有尽有。天文星象,日神捧阳,月神拱阴,羽人戏龙,鹿身人面,飞禽走兽,舞乐伎戏,驳杂纷呈,接陈于画像石之上,简直就是一席视觉盛宴,全方位地表征了线条、色彩、形象组合型的《楚辞》。整个画像运思诡异,想落天外,色彩瑰丽,想象丰赡,线条飞动,流光溢彩,其从文化、美学上焕发出特定的浪漫洒脱情调,是中国艺术史、美学史之瑰宝。

蔡元培在《记鲁迅先生轶事》中说,鲁迅早在1913年就开始搜集汉碑图案的拓片,"从前记录汉碑的书,注重文字,对于碑上雕刻的花纹毫不注意。先生特别搜辑,已获得数百种"。蔡元培的回忆值得注意的是,在当时对汉代画像石重文轻图的情况下,鲁迅独具只眼,搜集图像的拓本,而且达数百种之多。这种敢为天下先的精神,慧眼识珠的远见及其实际举措,在近现代中国美学史的研究上应当大书一笔。鲁迅给许寿裳的信中说:"拟将北京一行,以归省,且将北大所有而我所缺之《汉画》照来,再作后图。"

《厦门通信（三）》写道："我最初的主意，倒的确想在这里住两年，除教书之外，还希望将先前所集成的《汉画像考》和《古小说钩沉》印出。这两种书自己印不起……因为看的人一定很少，折本无疑……便将印《汉画像考》的希望取消。"实际上，鲁迅占有完整的汉魏六朝考古画像、图案，前此《六朝造像目录》一书，未获印行，继而《汉画像考》的出版也胎死腹中。但在厦门大学，他还是把从北京带来的一部分汉画像，举办了一次展览会。

河南南阳是中国汉代画像石四大集中地之一，1931年该地刚发现画像石，1933年鲁迅就开始做拓本的搜集工作，这个时间表足证鲁迅的研究热情和跟踪的速度。以后繁事丛集，加之生病，鲁迅就搁置了这项工作。但是一旦触及，他的神经就高度灵敏、兴奋起来。1935年5月，在收到台静农的两包汉画像石拓片后，他立刻恢复了状态，在给台静农的信中，解释了一段时期没有搜集汉画像的原因："收集画像事，拟暂作一结束，因年来精神体力，大不如前，且终日劳劳，亦无整理付印之望，所以拟姑置之；今乃知老境催人，其可怕如此。"两包汉画像石拓片，鲁迅留下了有树木的骑马人画像、大定四年造像、汉残画像、人蛇画像、汉鹿画像、宜州画像等。鲁迅在两包画像石拓片里，辨识出其中的赝品。他在信中说："'君车'画像确系赝品，似用砖翻刻，连簠斋印也是假的。原刻之拓片，还要有神彩，而且必连碑阴，乃为全份。又包中之'曹望憘造像'，大约也是翻刻的，其与原刻不同之处，见《校碑随笔》。"既显示文物家的鉴赏眼力，又体现美学史家的学养水平。他在给台静农的另一封信中说："南阳画像，也许见过若干，但很难说，因为购于店头，多不明出处也，倘能得一全份，极望。《汉圹专集》未见过，乞寄一本。"可见，鲁迅还在继续做这项工作，"极望"用的是极限词，使鲁迅的极端急切、期待之情，跃然纸上。仅三个月后，他再给台静农去信，所谈内容更为丰富。他说："信并《南阳画像访拓记》，顷同时收到。关于石刻事，王冶秋兄亦已有信来，日内拟即汇三十元去，托其雇工椎拓，但北方已冷，将结冰，今年不能动手亦未可料。印行汉画，读者不多，欲不赔本，恐难。南阳石刻，关百益有选印本（中华书局出版），亦多凡品，若随得随印，则零星者多，未必为读者所必需，且亦实无大益。而需巨款则又问题。我陆续曾收得汉石画像一篋，初拟全印，不问完或残，使其如图目，分类为：一，摩厓；二，阙门；三，石室，堂；四，残杂（此类最多）。材料不完，印工亦浩大，遂止。后又欲选其有关于神话及当时生活状态，而刻划又较明晰者，为选集，但亦未实行。南阳画像如印行，似只可用选印法。"从此信中可以看出，鲁迅于南阳画像石拓片收集甚丰，"一箧"即一箱子，计有231帧，编有《汉画像目录》。聚沙成塔，集腋成裘，鲁迅曾连续有两个计划，要着手刻印出版汉画像，但因销路不大，耗资甚巨等，种种原因，遂作罢。

鲁迅对收集汉画石像拓片几十年如一日，情有独钟，一以贯之，不惜投入，耗时费力。虽屡受挫折，但愈挫愈勇，不改素志。其"画外"精神，惊天地，泣鬼神。其"画内"意义——美学史意义极大，它是鲁迅所极为心仪的汉代艺术美学的实物表征。鲁迅对"闳放""魄力究竟雄大""惟汉代艺术，博大沉雄"的两汉美学和美学史评价，主要来自对汉画石像的认知。鲁迅对汉代美学史的体认和审美体察，与其对实物载体、视觉感官的认知，桴鼓相应，完全吻合。鲁迅所从事的这一繁复庞大的工程，有力地推助了汉画像石绘画、雕刻美学的整体发展。

鲁迅对近现代中国美学史的另一个重大贡献在于笺谱美学。鲁迅对笺谱所做的工作前后有编印《北平笺谱》和重印《十竹斋笺谱》。前者，上文已有涉及。后者，鲁迅用力最多，用心最深。

所谓笺谱，就是将花色图形笺纸汇刻成帙。明末崇祯十七年（1644），安徽人氏胡正言始刻《十竹斋笺谱》，至南明弘光元年（1645）竣成，4卷，283幅图页，用饾版、拱花等印刷工艺制作而成。《十竹斋笺谱》熔绘、刻、印于一炉，图案多样，色绘丰富，工丽雅致，精彩纷呈，为笺纸之翘楚。

诚如郑振铎在《重印〈十竹斋笺谱〉序》用诗性化的语言所描述的那样，"我国彩色木刻画，具浓厚之民族形式，作风康健晴明，或恬静若夕阳之明水；或疏朗开阔若秋日之晴空；或清丽若云林之拳石小景；或精致细腻若天方建筑之图饰。隽逸深远，温柔敦厚，表现现实或不足，而备具古典美之特色。推陈出新，取精用弘，今之作者或将有取于斯谱。"

为促成《十竹斋笺谱》重印，鲁迅不遗余力，厥功斯伟，成就了近现代中国美学史上笺谱美学之盛举。1932年，鲁迅选聘郑振铎作为他的助手和合作伙伴，两人黄金搭档，配合默契，成果斐然。鲁迅在给增田涉的信中说到郑振铎，对其高度评价："在中国教授中郑振铎君是工作和学习都很勤谨的人。"鲁迅确实知人善任。1934年6月，鲁迅先期收到样张，立刻写信给郑振铎,说:"《笺谱》刻的很好,大张的山水及近于写意的花卉,尤佳。"他还提出印行"为青年着想的普及版",并就出版做了明确的限时要求。《十竹斋笺谱》由荣宝斋印成,郑振铎从北京到上海专程"持是册示鲁迅,赏览之余,喜如所期"。鲁迅《重印〈十竹斋笺谱〉说明》也赞曰:"纸墨良好,镌印精工,近时少见,明鉴者知之矣。"其间,鲁迅和郑振铎就笺谱事宜,在上海长谈三次,信函交驰,达五十余封之多。一度时间,信的密度极大,往往前发一函,随后又跟进一信,担心有失落之事,生怕有遗珠之嫌。重点难点,再三提醒;大事小事,反复叮咛。耳提面命,不厌其烦;苦口婆心,细密如发。今天重新捧读这些呕心沥血的文字,如闻先生的謦欬之声,如见先生摩顶放踵、胼手胝足、仆仆风尘的身影。

# 第十章　郭沫若与中国美学史研究

郭沫若虽无完整的中国美学史专著行世，但广泛涉及其中的研究领域。纵向上，从先秦到明清美学，未有断层断代，对每一个时代、某些美学家、某些美学现象，多有呈现、说明、解读、阐释。横向上的研究领域，触及器物、文学、绘画、书法、工艺、音乐等，既有理性形态的，又有感性形态的；既有审美个体，又有审美群体。诚然有常例性的对象，例如青铜器、诗骚美学、司空图、苏轼、王阳明、袁枚等，也有首次研究的对象，例如晚周帛画、铜塑马踏飞燕等。

郭沫若的中国美学史研究有前后期的区别，反差极大：前期重视实证、田野调查，后期随机随意，倾斜失衡。其现象和原因需要探究、深思。

## 第一节　早期：在先秦美学史的研究上

作为历史学家，郭沫若的学术贡献主要是对先秦史的研究，著有《中国古代社会研究》《甲骨文研究》《殷周青铜器铭文研究》《金文丛考》《青铜器时代》《石鼓文研究》《十批判书》《奴隶制时代》《两周金文辞大系》等，集校《管子》。他侧重于社会史、思想史、文字史研究，然而，又发挥自身的学术优势，进行美学史特别是先秦美学史研究。值得注意的是，郭沫若的《周代彝铭进化观》就曾直接运用"审美意识"的概念。可见，美学和美学史已成为他的研究视域。

郭沫若的先秦美学史研究集中在青铜器的研究上。他在《周代彝铭中的社会史观》中说："目前有一件不可缺少的事情便是历代已出土的殷周彝器的研究。"表达了他的学术诉求。而对于这项研究，他的学术贡献首先又在于确定了"青铜器"作为独立的时代概念的存在。1946年，他在《青铜器的波动》中认为："跟着石器时代之后出现的便是青铜器时代……中国的青铜器时代既然相当于殷周二代，而殷代有六百年之久，周代合东西二周共有八百多年，总共起来青铜器时代在中国是有一千多年历史，在殷以前，由于材料的欠缺我们尚不敢断言……唯殷代，则已经非常地明显，就是由青铜器进到铁器时代的界线。"郭沫若的这一界定十分重要，由此也奠定了他在青铜美学史和先秦美学史上的地位，其研究主要包括以下方面。

**审美形式和审美意识。**郭沫若在先秦美学史研究上把审美形式和意识及其理性结论结合在一起，概括言之，属于经验理性的范畴；具体言之，不是形而上地从抽象思辨层面上进行，而是从具体的器物切入。"形而下者谓之器"，以形下者为研究起点，由形下及于形上，这是通过具体实例考察和抽绎出结论的研究路径。因此，他坚持以器物即广义的文本作为美学史研究的对象物。郭沫若在《青铜器的波动》中说：

> 中国的青铜器时代，约相当于三千年前的殷周时代，那时的遗迹到今天也都有发现。自宋以来，收藏的古器不下一万件，保藏之久，数目之巨，实为中国的特色。可惜以往的都只把它们当作古董来收存，而没有当作历史的材料来研究，实际上我们这些器物正是历史的最确实可恃的材料。在这些古器之上，我们可以发现三千年前手工业及一般社会状况与风俗习惯，因此，在今天好些古器都已被我们视作研究历史的学术资料了。

器物是历史的资源、资料、信息，犹如文献古籍一样，不应只被当作古董收存。郭沫若着眼于历史的价值论体系，在《青铜器的波动》中说，应由青铜器"使一切古器都有了历史的价值"，这是富于深刻意义的历史认识论。他认为，"自汉以来所出土的殷周彝器"，"即存世而有文字者亦在二三千具以上"，但它们并没有在史学包括美学史研究方面发挥应有的解读、抽绎作用。"此等古器历来只委之于骨董家的抚摩嗜玩，其杰出者亦仅拘于文字结构之考释汇集而已"，殊为可惜。郭沫若发现了此等古器的真正价值乃是"目前研究中国古代史的绝好资料，特别是那铭文，那所记录的是当时社会的史实"。它们保留了最原初的面貌和特征，"没有经过后人的窜改,也还没有什么牵强附会的疏注的麻烦",因此"可单刀直入地便看完一个社会的真实相"。

在郭沫若看来,青铜器同时具备了社会史和艺术史的双重特征。就社会史而言,从青铜器"可以证明殷周二代生产方式改变的情形"——"在殷周奴隶时代之后,中国出现行帮制的手工业时代,青铜器时代至此告终";就艺术史而言,"青铜器的精巧技艺,却都移置他用了"。因此"不管研究艺术史或社会史都可以循着这些古器来做系统的研究"①。在确立了具体的研究对象后,他又寻找到一个突破口和切入点:青铜器皿的器型、铭文和纹饰。

以文字而言,某一字在何时始出现,或某一字在何时被废弃,某一字的字形如何演变,可以探究"一字的社会背景和涵义的演变"。郭沫若从审美上解读青铜器所饰之纹饰,认为其效用与花纹同。他说,中国以文字为艺术品之习尚,钟鼎文与花纹等同,按照审美意识和方式所孕生,书法史纳入审美的方向就这么被确定了。以花纹而言,"某一种花纹形式的演变经过了怎样的过程,花纹的社会背景和寓意,都同样可以追求,在这一方面便可以丰富美术史的内容"。这样,就深入到美术史,也就深入到美学史层面上来了。这可以说是微观透现宏观式的研究。郭沫若于20世纪30年代两次写给容庚的信中均表述了这一思想。青铜器"花纹形式之研究最为切要",而划定时代的界限又是重中之重:"定时乃花纹研究之吃紧事"。郭沫若运用青铜器花纹来解读和确定时代的界线、内涵和特征,在先秦美学史的研究上独具地位。

郭沫若认为:"盖花纹形式与器之制作时代上大有攸关也。"据此,他特意制作《两周金文辞大系·图编》,"曾有蔚为图像学的雄心"。郭沫若的青铜器花纹研究,形成了一门专门的图像学,其青铜器图像学的功能"主在观察花纹形式之系统"。这个图像学是打开断代史研究的窗户和钥匙——花纹的有机形态是时代的具体表征。郭沫若就是依据花纹图像,推翻陈论,把毛公鼎定为周宣公时的作品。郭沫若说:

> 例如彼脍炙人口之毛公鼎,前人均以为周初之器,余初以其铭文如《尚书·文侯之命》,不类周初文字,颇致疑虑,近(1930年

---

① 郭沫若:《青铜器的波动》,见《郭沫若佚文集》(下),四川大学出版社1988年版,第171页。

7月29日）得见其图像，其足乃甚低而作兽蹄之形，此决非周初所有之器制也。凡周初之鼎与殷制相同，足均高而作圆柱形，上大下小；其低而作兽蹄形者于春秋初年之器多见之。准此二者，余敢断言毛公鼎者必系宣平时代之物也。仅此一例，可知器制与花纹于鉴定之事甚关重要，其标准之设置与系统之追求之不可或缓，然目前为此事者似尚无人，而余则无此便宜，且无此裕。

纹绘、纹样、纹饰都是形式，是经过抽象的几何图案变成线条和结构的有机组合和配置，但是，它包含某种意味。正因为它是有意味的，才具有蓬勃旺盛的生命生机和表征某种历史性的深刻内涵和意韵。郭沫若从青铜鼎器的"厚重"形制中探发出"深刻"的意味。饕餮是传说中的食人猛兽，据此所塑造的形象本身就包含先秦时代人的意识的对象化需要。然而，当它凝定起来，转而便又成为人们表达某种观念的具象体，用以显示自身的神秘、威严，因而它是历史力量的符号。郭沫若的贡献也就在于透过生动的形式探觅到生命的意味，这样，便使他的美学史研究富于深度和厚重感，不同于一般性的现象、形态或范畴的罗列和陈述。

郭沫若不仅从几何图案和抽象纹饰形式中把握历史的形态，而且观照历史的意脉，更把文字图形研究融入美学史研究之中。总的来说，就是充分利用了线条的艺术抽象形式，包括鼎器上的花纹和文字两种线条形式——花纹和文字作为线条艺术的图饰，同时成熟。把握线条艺术来研究中国美学史，才算是把握了问题的基核，抓到中国美学史的最原初和最根本特征。

郭沫若在《〈两周金文辞大系〉序》中认为："彝铭之可贵在足以征史。"郭沫若的铭、史互证和陈寅恪的诗、史互证的方法论，异曲同工。那么，依靠什么来具体操作呢？"就其文字之体例，文辞之格调，及器物之花纹形式以参验之，一时代之器大抵可以踪迹。"他又在《周代彝铭进化观》中说："东周而后，书史之性质变为文饰。如钟镈之铭多韵语，以规整之款式镂刻于器表，其字体亦多作波磔而有意求工……凡此均于审美意识之下所施之文饰也，其效用与花纹同。中国以文字为艺术品之习尚当自此始。"郭沫若在这里视文饰（即文字图饰）与花纹有同等效用，把它置于跟纹饰同等的地位上，这是对汉字特征的根本揭示。汉字乃是象形字，是区别于拉丁文之所在。"象"表模仿、拟构、象征等功能，因而一方面是记录符号，结束了结绳以记事的原始方式，另一方面，人在审美意识的支配下，充分利用汉字线条结构的特征,龙飞凤舞,出现曲直、构架、意兴,汉字便进入审美,成为美的艺术。郭沫若说"凡此均于审美意识之下所施之文饰",是他用审美眼光观照中国文化图式之范例。"中国以文字为艺术品之习尚当自此始",这是郭沫若通过对钟鼎文之研究,对汉字之为艺术品的基本确定,也是对书法艺术源流史的原初确定。这种确定无疑具有美学史意义,万里征程就是从这里迈出了第一步。只要看看钟鼎文那些整饬而又灵动、俏健而又柔媚、古拙而又颖脱的字迹,就会印证郭沫若书法美学起源论的正确了。

郭沫若还提出与古代美学史的创造者进行精神互动和心灵勾连,用他的话来说就是谛听远古美学的"心音"。《关于晚周帛画的考察》认为"这是中国现存的最古的一幅绘画","透过两千多年的岁月的铅幕,我们听出了古代画工的搏动着的心音"。他对远古的谛听,听到了美学史最原初的声音,也形成了研究主体与远古美学心音的对话和交流。

**时代精神和审美理想**。郭沫若的先秦青铜器研究,不是纯美学研究,而是以时代内容为核心的历史学、社会学和美学的互构性、交叉性研究,尤其突出时代精神。《毛公鼎之年代》是以铭辞来判断和界定时代的范式:

> 本铭全体气势颇为宏大,泱泱然犹存宗周宗主之风烈,此于宣王之时代为宜。本铭之王自命不凡,辞气之间大有欲振兴周室,追踪文、武之概,此于宣王之为人为宜。本铭中针砭时弊之语,于宣王时之史事尤相契合。

郭沫若在《陕西新出土器铭考释》中对"梁其器"进行考释,表达了和上述见解颇为相似的看法:"器出扶风,又花纹同毛公鼎,亦为西周末年器之一证,毛公鼎已经余考定,乃宣王时代之物也。"

史是由一个个时代连续和组合而成的。郭沫若反对"时代不分,一体浑沌",因为时代性是具体的,不是混沌一片、乱成一团的,其阶段性鲜明而各有特征。《毛公鼎之年代》认为:"以周而言,有周一代载祀八百,其绵延直等于宋、元、明、清四代,而统称之曰周,此甚含混,不直是纸上之杂货店耶!"这和《〈两周金文辞大系〉序》的有关论述完全一致。他反复主张对某一大的时代区段加以细分,经细分后时代的阶段性质、特征才得以彰显。并且,他有自己独特的观照点和方式,即从烙有时代印记的实物、实器入手去探发各别的时代精神和时代审美理想。他认为:"一个时代有一个时代的文体,一个时代有一个时代的字体,一个时代有一个时代的器制,一个时代有一个时代的花纹,这些东西差不多是十年一小变,三十年一大变的。譬如拿瓷器来讲,宋瓷和明瓷不同,明瓷和清瓷不同,而清瓷中有康熙瓷、雍正瓷、乾隆瓷等,花纹、形态、体质、色泽等都有不同。"时代具体论、区分论、特征论,是郭沫若历史观、美学史观的重要内容,和王国维的文体时代划分论一样助推了中国近现代学术史发展。而郭沫若的论述是着眼于审美形象、审美理想,特别是美学的具象、形象,由此去揭示其审美理想及审美理想的时代性、时代具体特征。

在时代的社会、历史、文化的宏深背景下考察青铜器美学现象的变化,反转过来,青铜器美学现象又成为社会、历史、文化的生动表征,双向互流的结构,使郭沫若的美学史研究具有历史感。《彝器形象学试探》指出:"开放期之器物……形制率较前期简便。有纹绘者,刻镂较浮浅,多粗花。前期盛极一时之雷纹,几至绝迹。饕餮失其权威,多缩小而降低于附庸地位,如鼎簋等之足。夔龙、夔凤等,化为变相夔纹,盘夔纹……大抵本期之器,已脱去神话传统之束缚,而有自由奔放之精神,然自嗜古者言之,则不免粗率。"这里包含纵向性比较:"前期"与"本期",从而显示美学史的阶段性差异色彩。盛极一时的雷纹,几乎绝迹;饕餮纹沦为附庸;夔龙夔凤亦已变相和变态;整个纹饰趋于肤浅粗陋,郭沫若由此揭示道:"大抵本期之器,已脱去神话传统之束缚。"这为美学史演变现象提供了结论——神话时代宣告结束。饕餮的威慑,是借助于恐怖色彩和纹饰来显示社会的力和威。这带有浓重的原始意识和神话思维色彩。它的淡化,显示出原始神话思维的弱化,社会历史的进化使得先民得以摆脱原始神话思维,产生实践理性思维(用郭沫若的概念来说,叫作"理智"),从而标识着一个时代的终结和另一个时代的开始。郭沫若在《关于晚周帛画的考察》中对于夔的演变有过专门的论述:"夔的形象在殷周彝器的花纹和玉器的形制中极多见……夔,本是古人所幻想出的动物,就和凤一样,并不是真正的存在。所以在战国时代的人,理智渐渐发展了,对于'夔一足'便采取了合理化甚至否认的说法。"这是对夔的存在的怀疑,它再也不是威风凛凛和令人望而生畏了。"权威"失却,大国降为"附庸",于是思维投射到存在上,夔纹失落了。这种失落是伟大的历史进步的空谷足音。在这个层面上,是说青铜器饰映射出时代的风气变化;在另一层面上,则又是时代历史意识和美学意识的变化(不可触),促成了青铜器饰之变化(可触),因而具有双向互因关系。这就使得郭沫若的美学史观具有社会学史的特征。

郭沫若在对感性的美学晶体加以阐释时，注重对原社会生态和形态的复现和对文化内涵的揭举。例如对莲鹤方壶的阐释：

> 此壶全身均浓重奇诡之传统花纹，予人以无名之压迫，几可窒息。乃于壶盖之周骈列莲瓣二层，以植物为图案，器在秦汉以前者，已为余所仅见之一例。而于莲瓣之中央复立一清新俊逸之白鹤，翔其双翅，单其一足，微隙其喙作欲鸣之状，余谓此乃时代精神之一象征也。此鹤初突破上古时代之鸿蒙，正踌躇满志，睥睨一切，践踏传统于其脚下，而欲作更高更远之飞翔，此正春秋初年由殷周半神话时代脱出时，一切社会情形及精神文化之一如实表现。

当中国文明从神话和半神话中走出时，表现出了空前的热情和理性意识。郭沫若从白鹤亮翅的雄姿中发现了它所透发出来的美的昂奋精神，这是感性层面的发现，属于第一层次。第二个层次是进而推导出精神的社会、文化涵值："一切社会情形及精神文化之一如实表现。"从感性之现象抽绎出理性之结论。需要提出的是，他进行感性层面的描述有一个别人所未及之处，那就是包含自身对于对象的感受：此壶"予人以无名之压迫，几可窒息"。这是他从"此壶全身均浓重奇诡之传统花纹"中感受得来的。郭沫若在阐释美学现象时既透入自身的主体感受，又进行感性的描述。因而，他的美学史研究具有主体经验美学的色彩。

郭沫若的研究不仅还原和复现时代，而且把美学现象中的精神归结和提升为时代审美理想和时代精神。例如，前引的他认为莲鹤方壶中那站立于莲瓣之中，展开双翅，"单其一足"，微微张嘴似乎要鸣叫的白鹤"乃时代精神之一象征"。把握了时代的审美理想和时代精神，美学现象和美学精神就有了总体格调和趋向，这正是把握美学史的需要。

对于殷周青铜器，郭沫若首先扣住的是花纹图案这一感性现象。《新郑古器之一二考核》要求人们"细玩"图案。他具体阐述道，即使器物上没有铭文，其"花纹图案"也能"显示其时代性"，"大凡殷周古器中之花纹均偏重几何图案；其次的动物图案，大抵均原始想象中之怪兽形；动物形而用写实手法者甚罕见，其用植物为图案者，则可云绝无仅有"。《毛公鼎之年代》一文对上述文化、美学思想做了集中发挥，以花纹形式为对象去揭示时代文化特征、审美理想。他说："大凡一时代之器必有一时代之花纹与形式，今时如是，古亦如是。故花纹形式在决定器物之时代上占有极重要之位置，其可依据，有时过于铭文，在无铭文之器则直当以二者为考订时代之唯一线索。如有史以前尚无文字之石器时代，其石器陶器等，学者即专据其形式和花纹以判别其先后。其法已成专学，近世考古学大部分即属于先史时代者也。"他不满于"中国学者考订古器物，自来仅专靠铭文，而于花纹形式毫无系统之研究"，即使某些"稍完备者，虽亦图像与铭识并收"，但是"其图像多空存而无说，说之者又多本先入之见而妄事臆测，不知比验其异同，追踪其先后，于形式与花纹之中求出一历史系统"。他提出这样的研究构想："余谓凡今后研究殷周彝器，当以求出花纹形式之历史系统为其最主要之事业。"而他，正是身体而力行之。郭沫若还以花纹图案为具体案例，界定出不同历史时期的文化、审美特征："凡殷末周初之器有纹者，其纹至繁，每于全身极复杂之几何图案（如雷纹之类）中，施以幻想性之人面或兽面（如饕餮之类）中，其气韵至浓郁沉重，未脱神话时代之畛域。稍晚则多用简单之几何图案以为环带，曩之用不规则之工笔者，今则用极规则之粗笔，或则以粗笔之大画施诸全身，其气韵至清新醒目，因而于浓重之味亦远逊。更晚则几何图案之花纹复返诸工笔而极其规整细致，乃纯出于理智之产品，与殷末周初之深带神秘性质迥异矣。"以具体的花纹图案的感性特征来界定不同历史时期的文化、审美特征，由此来划分美学史、文化史的区段，这是独具特色的文化史、美学史研究。从这一论述系统和基本观点出发，郭沫若认为那只毛公鼎"绝非周初之器所宜有"，这是由花纹图案来鉴别的，其"花纹仅由两种简单之几何图案，相互间插，联成环带，粗枝大叶"[①]，乃非周初之形制。

郭沫若注重在时代的因素中考察作品的审美格调。在《屈原的艺术与思想》中说："《九歌》应该是屈原年青得意时的文章。还有《九歌》这十一篇是一个体裁，无论怎样研究都要认为是一个人做的东西，一个时代做出来的东西。""做楚怀王左徒官在三十岁左右，在得意时代的文章，尽可以充分表现些乐观情绪。晚年所做的几篇，如《哀郢》《离骚》，写于国破家亡的时代，郁郁之情，便溢于言外了。"青年和晚年审美格调的不同，是诗人所受时代因素的影响使然。

---

① 郭沫若：《毛公鼎之年代》，见《沫若文集》第14卷，人民文学出版社1962年版，第672页。

从感性的美学现象中发掘时代精神，一直是郭沫若的论述重心，除了青铜美学，还有绘画美学等。例如他在《关于晚周帛画的考察》中对该画评述道："画的构成很巧妙地把幻想与现实交织着，成功表现着战国时代的时代精神。虽然规模有大小的不同，和屈原的《离骚》的构成有异曲同工之妙。但比起《离骚》来，意义却还要积极一些：因为这里有斗争，而且有斗争必然胜利的信念……画家是站在时代的焦点上，牢守着现实的立场。"

**创新发明和历史分期。**郭沫若曾经说过，他之所以能在先秦美学史的研究上"凿穿了"混沌，乃是因为他"颇有创获"地发明了核心论——"标准器论"。这一理论不尚外证，完全从自身出发——"专就彝铭器物本身以求之"；不怀定见——"不怀若何之成见"；亦不另定规范——"不据外在之尺度"，靠的是内证。它从标准器为"中心以推证它器，其人名事迹每有一贯之脉络可寻。得此，更就其文字之体例，文辞之格调，及器物之花纹形式以参验之，一时代之器大抵可以踪迹，即其近是者，于先后之相去要亦不甚远"①。他在历多年之后，经过检测、积淀，在《古代研究的自我批判》中仍坚守了他的"标准器"，前后表述保持了一致性。

对历史时段性的划分、界定是郭沫若的青铜时代史、先秦史和先秦美学史研究的显著成就，王国维、罗振玉都没有解决这个问题，将青铜器时代视为笼统的历史时段观念存在，而郭沫若始有突破。他创立了青铜器的"四个时期说"："大体说来，殷周的青铜器可以分为四个时期，无论花纹、形制、文体、字体，差不多都保持着同一的步骤。"②

这一分期论最早见于他1934年所撰《彝器形象学试探》："第一，滥觞期——大率当于殷商前期。第二，勃古期——殷商后期及周初成、康、昭、穆之世。第三，开放期——恭、懿以后至春秋中叶。第四，新式期——春秋中叶至战国末年。"1945年，他在《青铜器时代》中又将之划分为鼎盛期、颓败期、中兴期、衰落期。他把古代史研究、古文字研究、古纹饰研究结合起来进而导入美学史研究。到1946年，他在《青铜器的波动》中重申了"四个时期说"并进一步确定它的具体阶段和时限。第一期，殷代和西周前半，第二期，西周后半和春秋时代，第三期，战国时代，第四期，战国末年及后来。四个时期的变化、演进，是在花纹、模样、铭文等无一例外出现变化的情况

---

① 郭沫若：《两周金文辞大系》，见《沫若文集》第16卷，人民文学出版社1962年版，第307页。
② 郭沫若：《彝器形象学试探》，见《沫若文集》第16卷，人民文学出版社1962年版，第345页。

下发生的（尽管某些具体提法和时期的界定有些不一致）。它不仅有史学的分期意义，而且有美学史的历程轨迹。第一时期因脱胎于石器时代，前后相距时间较短，因此带有石器时代的特征和遗韵。到了第二个时期，逐渐脱离了原始风味，第三个时期呈现精巧气象，第四个时期，花纹几乎退废——花纹是殷周青铜器最显著、最外在的感性表征，具有浓烈的美学情味。它的变化显示出审美特征的变化，进而显示出审美理想的变化。

郭沫若所考察的殷周青铜器主要是鼎。他本人在《彝器形象学试探》中也说："其器多鼎。"鼎在初期出现包含实用性、功利性、审美性的三重功能。在历史的发展过程中，实用性让位于功利性和审美性。在郭沫若的美学史研究视野内，重视审美性又超过了功利性。《左传·宣公三年》载："定王使王孙满劳楚子。楚子问鼎之大小轻重焉。对曰：'在德不在鼎。昔夏之方有德也，远方图物，贡金九牧，铸鼎象物，百物而为之备，使民知神奸。故民入川泽山林，不逢不若。魑魅魍魉，莫能逢之，用能协于上下以承天休。'"在这段记载中，鼎作为盛物器皿的实用功能弱化了，而作为王权象征的功利主义特征则被强化了。这才有楚王问鼎的狂妄举动，也才形成"问鼎中原"的历史成语。这番记载中最值得重视的是"铸鼎象物"，鼎上物象或花纹不是孤立、绝缘的存在。郭沫若在《关于晚周帛画的考察》中对上引的《左传》中的一段话做了这样的解释："这说的虽然是夏代的事，但其实道破了古代彝器著象的真实用意。"殷周鼎器从一开始铸造就有不同于陶鼎器所具有的盛物实用功能的倾向，它不再具纯实用性质，也不是一个简单的器物存在，而是用以"象物"的——象，即表征、象征。这样，它就被编入艺术的符码，具备了审美的因子。这正成为郭沫若把握殷周青铜器进而研究先秦美学史的契机。他在《周代彝铭进化观》中说："铸器之意本在服用，其或施以文镂，巧其形制，以求美观，在作器者庸或于潜意识之下，自发挥其爱美之本能。"彝鼎器初起时，在增强服用即实用功能时，巧作形制，施用纹饰，目的是"以求美观"。这样，审美的表层线条、色彩特征便孕育出来了。从作器者来考察，郭沫若认为他们在潜意识中有"发挥其爱美之本能"。这借用自心理学的原理为青铜器装饰美的形成寻找到了原因。

郭沫若以历史美学的眼光探发出殷周青铜器表象所蕴含的深层意识。他说：

（青铜器）为向来嗜古者所宝重……形制率厚重。其有纹绘者，刻镂率深沉，多于全身雷纹之中施以饕纹，夔凤、夔龙、象纹等次之。大抵以雷纹、饕餮为纹绘之领导。雷纹者……盖脱胎于指纹……饕餮、夔龙、夔凤，均想象中之奇异动物……然彝器上之象纹，率经幻想化而非写实。

青铜器皿特别是彝器上多饰以饕餮纹、夔龙纹、夔凤纹、云雷纹。郭沫若通过对纹样、纹饰的分析，做出了重要揭示：是审美不是写实。形体是具象的，具象化的形态是经过想象所获得的；而彝器之象纹，又是经过了幻想化的。无论是具象的形体，还是抽象的纹样，都不是实物写照，乃是观念的对象化，表现殷周青铜器深沉的历史力量。"率经幻想化"的象纹是一种抽象性的线条。这种抽象是艺术家的幻想产物，凝聚着灵动的形式感，是中国艺术的伟大发展，体现了高度的审美抽象力。这种图案、纹样是那个时代美的表征，传送出的美的讯息被郭沫若感应、接受、认知、把握到了。

作为郭沫若殷周时期青铜器金文铭文研究重要成果的是《殷周青铜器铭文研究》这部著作，据郭沫若自述："乃两三年来研究古器之心得也。"它为后来的《两周金文辞大系》做了准备。它研究了殷代的青铜器，这是探索青铜器之源，为分期断代做了准备。《殷周青铜器铭文研究》正确解决了殷代的"图形文字"问题——郭沫若提出了"图腾"的概念。郭沫若认为，"图腾"亦即族徽。《殷彝中图形文字之一解》一文指出，所谓的"文字画"的说法错误。"文字画"乃文字形成之前阶段，"即野蛮或原始民族在未有文字将有文字时所用以为意思表现之符征"，因而"字作画解既不能成立，则当返归于字以求之。余谓此等图形文字乃古代国族之名号，盖所谓'图腾'之孑遗或转变也。要之，准诸一般社会进展之公例及我国自来器物疑识之性质，凡图形文字之作鸟兽虫鱼之形者必系古代民族之图腾或其孑遗，其非鸟兽虫鱼之形者乃图腾之转变，盖已有相当进展之文化，而脱去原始畛域者之族徽也。"

郭沫若提出了西周铜器分期断代问题，《两周金文辞大系》一书，对西周青铜器的分期断代加以建构。在这个问题上，郭沫若批评说："大表长编，相沿成为风习。作俑者自信甚强，门外者惊其浩瀚，其实那完全是徒劳之举。"如何进行分期断代呢？郭沫若提出了三项条例：第一，先选定彝器中已经自行把年代表明了的作为标准器或联络站；第二，就这些彝铭里面的人名事迹为线索，再参以文辞的体裁、文字的风格和器物本身之花纹形制，由已知年的标准器便把许多未知年的贯串了起来；第三，有年月日规定的，就限定范围内的历朔考究其合与不合，把这作为副次的消极条件。这是在综合考察了西周一百六十二器、东周一百六十一器的基础上所提出的，具有鲜明的实证性。郭沫若认为，这些器皿"为数看来很像有限，但这些器皿多是四五十字以上的长文，有的更长到四五百字，毫不夸张地是为《周书》或《国语》增加了三百二十三篇真正的逸文。这在作为史料研究上是有很大的价值的。即使没有选入大系中的器皿，我们拿着也可以有把握判定它的相对的年代了。因为我们可以按照它的花纹形制乃至有铭时的文体字体和我们已经知道的标准器相比较，凡是相近似的，年代便相差不远。这些是很可靠的尺度，我们是可以安心利用的。"总之，郭沫若经过分期断代研究，对于青铜器，建立了一个较为完整的系统。

**实证精神和田野调查**。郭沫若的早期中国美学史研究具有实证精神，并运用了当时的先进方法论——田野调查。

发表于1936年的《我与考古学》集中表达了郭沫若的学术见解："这种学问是要以纯粹的客观的态度，由地面或地底取出古人所遗下的物证来，实事求是地系统地考察出人类的文化从古以来所历进着的过程。"他的地上和地下二重证据论显然受到被他尊之为"新史学的开山"——王国维的直接影响，跟陈寅恪的互证法交相发明。他重视实例、实物、实证，回归和还原历史现场，为之做了扎实细致的前期准备工作。他说："彝器出土之地既多不明，而有周一代载祀八百，其绵延几与宋、元、明、清四代相埒，统称曰周，实至含混。故器物愈富，著录愈多，愈苦难于驾驭。寝馈于此者数易寒暑，深感周代彝铭在能作为史料之前，其本身之历史尚待有一番精密之整理也。"他在实际上做的就是这些精密的整理工作。他认为，科学的结论是具有真实性品相和品格的实例、实物、实证的逻辑概括和提升。

实证研究又建筑在证伪的基础之上。郭沫若在《〈甲骨文辨证〉序》中说："怀疑辨伪乃为学之基阶，为学与失之过信，宁取乎多疑；子舆氏云'尽信书不如无书'，此终古不刊之论也。鼎彝甲骨诚多赝品，然而疑之有方辨之有术，富有经验之士，于其真伪之间几于一目可以别白。所贵乎学者即在养畜自己之目力，先期鉴别之精审，更进而求其高深。"研究者养成眼力和学识，"观千剑而后识器"，一眼便能洞穿真伪。《汤盘孔鼎之扬榷》综合运用金文和文献资料，加以证伪。他还写有《正考父鼎铭辨伪》，用有力的内证和外证，得出结论，说："可知鼎铭全不足信。其文仅寥寥数语，前半抄袭而错误，后半摹仿而欠通……盖文之订饤一至于此，其恶劣可谓登峰造极。"他推论造假之原因："知《正考父鼎铭》为伪托，则知孟僖子之预言亦必为伪托。盖后之儒者推崇其先师，欲为之争门望，故托为此言以示光宠。"他希望"彝器铭文及形象等系统之学，方有成立之一日"，而他正是建立这一系统学的奠基者。

《我与考古学》对田野考古学做了定位。他说："这种学问是正确的史观之母体或其褓母，而对于向来的仅据不尽可靠的文献站在种种利害的立场上所捏造的旧式史观是处在对跖的地位。"这就阐释了田野考古学的基本内涵、基本立场、基本态度，特别是考古的新发现是正确的历史观的基础和来源，说明考古新发现还能够纠正旧式史观。《我与考古学》还说："我们中国在从前和考古学相类似的学问上的工作也未尝没有一点，如北宋以来的金石学，一些学者也曾经做过地面的搜索与古墓的探检，其所探检的结果也曾刊布为种种的图录……当然，金石也自当为考古学的对象，然而像旧式的金石学只是欧洲方面所说的记铭学（Epigraphy），那和'学'都还有点距离，要称为'考古学'似乎是有点冒牌的。所谓'学'，应该具有严密的实证的方法而构成为一个完整的体系。中国旧时的金石学，只是一些材料的杂糅，而且只是偏重文字，于文字中又偏重书法的。材料的来历既马虎，内容的整理又随便，结果是逃不出一个古董趣味的圈子。"郭沫若在这里阐述了田野考古学之为"学"的内在意义，并把现代意义的田野考古学与中国传统意义的金石学加以比较，指出两者的根本区别和不同点，进一步对现代田野考古学的学科内涵加以界定。

郭沫若也是田野调查的践行者。《关于发现汉墓的经过》几乎是用日记体的形式详细记录了他1940年4月在重庆田野调查的经过[①]。这是郭沫若实地考古的实践性范例。郭沫若的田野调查，还得益于对国外研究方法理论的借鉴。他曾翻译并出版了德国学者米海里司的《美术考古一世纪》（又名《美术考古学发现史》）。他从这本书中借鉴了方法论，并与先秦美学史研究相连接。他在译文序言中认为，该书从方法论上给他以直接的帮助："我的关于殷墟卜辞和青铜器的研究，主要是这部书把方法告诉了我。""假如没有

---

① 郭沫若：《羽书集》，见《沫若文集》第11卷，人民文学出版社1959年版，第439—446页。

译这本书,我一定没有本领把殷墟卜辞和殷周青铜器整理出一个头绪来,因而我的古代社会研究也就会成为沙上楼台的。"

## 第二节 晚期:在美学史研究上的缺失

一言难尽郭沫若,他本身就构成了一个复杂的现象,其创作和研究也是一个复杂体。郭沫若在中国美学史研究上走的是下坡路,早年青铜器美学研究没有梅开二度。晚年的郭沫若对中国美学史的研究引发了一场大讨论,也就是1965年开始的关于王羲之传世书法名作《兰亭序》真伪问题的讨论。当时,中国书法界的头面人物几乎都介入了,这场大讨论也集中暴露了郭沫若在中国美学史研究方面的缺失。

1965年,郭沫若连续发表了三篇文章,即《由王谢墓志的出土论到〈兰亭序〉的真伪》(以下简称《真伪》)、《〈兰亭序〉与老庄思想》、《〈驳议〉的商讨》。他认为《兰亭序》并不是王羲之的真迹,而是后人的"依托",是冒王羲之之名的伪作,连序文本身也是假的。郭沫若的主要观点虽然沿袭过去的老说法,不外是《文选》不录,《淳化阁帖》不用……但是也有新创的,他认为,传统的"怀疑和解说,不能说没有见地,但没有接触到问题的核心。事实上《兰亭序》这篇文章根本就是依托的。"(《真伪》)郭沫若的主要观点有二:《兰亭序》在思想上既不合乎王羲之的思想,在书法上也不合乎王羲之时代所通行的书体。具体而言:

其一,《兰亭序》文本非王羲之所作。郭沫若提出:萧统的《文选》广收名家名作,偏偏没有收入《兰亭序》,就令人广为怀疑当时这篇文章的存在。郭沫若把王羲之所作的《临河序》和"传世的《兰亭序》比并","这样一对照着看,很明显地可以看出:《兰亭序》是在《临河序》的基础上加以删改、移易、扩大而成的"。因此说,该序文是掺了假的。《兰亭序》所增添的这番文字,充满了悲观厌世情绪,如:"况修短随化,终期于尽。古人云,死生亦大矣,岂不痛哉!"又说:"固知一死生为虚诞,齐彭殇为妄作。后之视今,亦由今之视昔,悲夫!"从文笔上看,既与前文相矛盾,也与兰亭欢聚气氛不合。另外,增添的文字与王羲之的思想、性格更不相符。《晋书·王羲之传》说他"以骨鲠称",就是说他的性格是以正直刚强而著名的。晚年，他辞职还乡，遍游名山大川，感叹道："我卒当以乐死。"就是说，他的人生将以快乐告终。综上所述，在兰亭修禊时，他断然不会冒出悲观厌世的情绪来。在郭沫若看来，结论只有一个：序文既是掺了假的，就不会是王羲之的原作。

其二，《兰亭序》书帖非王羲之所写。中国的书法分篆、隶、楷、草四大体系，它们各有鲜明的时代特性。一般来说，秦以前流行篆书，秦始皇统一中国后，书体有重要改变。据晋代卫恒《四体书势》说："秦既用篆，奏事繁多，篆字难成，即令隶人佐书，曰隶字。"隶书一直流行到南北朝末期，到了齐梁之间才有楷、草出现，这已经是晚于东晋一百多年了。到了唐朝，楷书趋向成熟，遂代替了隶书盛行起来。王羲之是东晋书法家，正是隶书流行时代，《晋书·王羲之传》也说："及长，辩赡，以骨鲠称，尤善隶书，为古今之冠。论者称其笔势，以为飘若浮云，矫若惊龙。"因此，王羲之不可能以楷书书写。郭沫若又考证，已出土的晋代墓碑，皆为隶书。新疆出土的晋人手抄本《三国志》也完全是隶书体。王羲之《豹奴帖》《十七帖》也都有隶意，而《兰亭序》的书法则是唐代才流行的楷体，毫无隶意，可见是后人之作："在这儿提出了一个书法上的问题，那就是在东晋初年的三十几年间，就这些墓志看来，基本上还是隶书的体段，和北朝的碑刻一致……这对于传世东晋字帖，特别是王羲之所书《兰亭序》，提出了一个很大的疑问。"郭沫若根据当时在南京附近出土的《王兴之夫妇墓志》《谢鲲墓志》以及《颜刘氏墓志》指出："王羲之和王兴之是兄弟辈，他和谢尚、谢安也是亲密的朋友，而《兰亭序》写作于'永和九年'，后于王兴之妇宋和之之死仅五年，后于颜刘氏之死仅八年，而文字的体段却相隔天渊。《兰亭序》的笔法，和唐以后的楷法是一致的，把两汉以来的隶书笔意失掉了。"同时，《兰亭序》的笔势也与王羲之的大不相同。梁武帝的《书评》对王羲之的评语是："王右军书，字势雄强，如龙跳天门，虎卧凤阙，故历代宝之，永以为训。"在郭沫若看来，"'字势雄强'和（王羲之）性格倔强很相一致，但《兰亭序》的字势却丝毫没有雄强的味道"，而是"相当妩媚"。这与王羲之的笔法不相符合，增加了"是否是王羲之的真迹"的疑点。据此，郭沫若认为，《兰亭序》这一书帖并不出自王羲之之手。

其三，《兰亭序》的真正作手，据郭沫若在《真伪》中认为，最大的可能是隋代僧人智永。从渊源上看，智永是"有名的书家，据说他临书三十年，能兼诸体"。据《兰亭考》记载，前代也有人说过："《兰亭修禊前序》世传隋僧智永临写。""永师实右军末裔，颇能传其家法。"从书体上看，"隋炀帝曾经称赞他的书法是'得右军之肉'"，渊源有自。智永所书《告誓文》的"帖后有'智永'的题名，用笔结构和《兰亭序》书法，完全是一个体系"。从思想上看，智永出家为僧，遁入空门。《兰亭序》增添的那段悲观文字，也很合乎出家人的厌世情绪。两者思想若合一契。

总之，郭沫若认为智永同时是文章和法书的作手："像这样一位大书家是能够写出《兰亭序》来的，而且他也会作文章。不仅《兰亭序》的'修短随化，终期于尽'的语句很合乎'禅师'的口吻，就其时代来说也正相适应。因此，我乐于肯定：《兰亭序》的文章和墨迹就是智永所依托。"他明确讲："我把《兰亭序》的写作权归诸智永，是把应享的名誉归还了主人。"

而郭沫若的反对者并没有抓住问题本质，只是在书法史上做文章，反复言说，东晋已有楷书，并行于隶书等书体，但没有跳脱出来，从更大的文化语境中譬如思想史、美学史的视域考察问题。而今天破解这个问题，正可以露现郭沫若的学术缺陷，主要体现在以下几个方面。

**思想史的缺陷**。郭沫若在《真伪》中说："至于《兰亭序》所增添的'夫人之相与'以下一大段，一百六十七字，实在是大有问题。王羲之是和他的朋友子侄等于三月三日游春，大家高高兴兴地在饮酒赋诗。诗做成了的，有十一个人做了两篇，有十五个人做了一篇，有十六个人没有做成。凡所做的诗都留存下来了。唐代大书家柳公权还书写了一通，墨迹于今犹存。在这些诗中只有颍川庾蕴的一首五言四句有点消极的意味，他的诗是：'仰怀虚舟说，俯叹世上宾。朝荣虽云乐，多毙理自因。'虽消极而颇达观。但其他二十五人的诗都是乐观的，一点也没有悲观的气息。"这里，郭沫若的论述存在几个问题：第一，他是以积极与消极、乐观与悲观作为判断标准的，带有主流意识形态的味道。这一判断从思想史的角度和视域来看是欠妥的。因为对思想价值的评判是不能定此标准的。郭沫若浸淫、接受新潮和新词太深，成了习惯性的思维。第二，郭沫若忽视了研究六朝思想现象不能也不应绕开玄言这个基本点。玄言在魏晋风行，至刘宋大盛。谢灵运的诗是典型代表，谢诗前写景，后言理，成为一种固定不移的模式。《兰亭序》正产生在西晋至刘宋的东晋这个重要的历史时段内，成为玄言散文体的典型模态：前写景，后言理，取玄言诗的同一体式。这种方式以致深远地影响了宋代的理学散文，例如范仲淹的《岳阳楼记》、欧阳修的《秋声赋》、王安石的《游褒禅山记》、苏轼的《赤壁赋》等，都是前写景，后说理。第三，就思想内涵而言，《兰亭序》之文和当时众人"兰亭"组诗，取的是同一格调。而郭沫若认为该序出自陈代佛教徒智永之手——文章和书迹均是。"智永是陈代永兴寺的僧人，他是有名的书家"（《真伪》），但细读细研《兰亭序》的通篇文字，哪有一点禅味氤氲？完全是玄意盎然——禅味和玄意，有着一望而知的差异。第四，《兰亭序》的文和王羲之以及他人的"兰亭"诗表述了极浓厚的玄学意味的宇宙时空文化意识："仰观宇宙之大，俯察品类之盛"（王羲之《兰亭序》文），"仰眺望天际，俯磬绿水滨"（王羲之《兰亭》诗），"仰怀虚舟说，俯叹世上宾"（庾蕴《兰亭》诗）等。由此扩而大之，同时代的东晋陶渊明《读山海经》诗云："俯仰终宇宙，不乐复何如？"《饮酒》（其一）云："此中有真意，欲辨已忘言。"这根本不是佛学，而是地地道道的玄学。玄学家正是在俯仰的视觉感受中领略到莽莽宇宙之浩瀚存在和深邃奥义。在一俯一仰中观照时空，在"游目骋怀"中"极视听之娱"，领悟和体味到宇宙之真义。其方式是"一觞一咏"，它"足以畅叙幽情"。这样浓郁的玄学味，郭沫若怎么能体会和感受不到呢？东晋这么多的诗文同时表述了"俯仰"宇宙文化意识，不反转过来，恰恰证明《兰亭序》是出于东晋王羲之之手吗？时代的共同语境孕生了共同的话语，而共同的话语又从不同的侧面融合成共同的时代语境。延展开去，整个《兰亭序》无论是表层意象、使用的话语，还是底层意味、包含的精神，都属于玄学范畴。只要把当时的玄学经典浏览一遍，不难感知到。更进一步说，整个魏晋六朝，不仅是哲学范畴，而且文学创作，都受到"俯仰"的文化思想影响。第五，郭沫若忽视了他所尊崇的苏东坡的一番话，而这番话很重要。至少说，在苏东坡的北宋时代，《兰亭序》为王羲之所撰、所书是有定评的。《东坡题跋·右军研胗图》曰："兰亭之会，或以比金谷，而以逸少比季伦，逸少闻之甚喜。金谷之会，皆望尘之友也。季伦之于逸少，如鸥鸢之于鸿鹄。"苏轼的评判是以人格评判为坐标系统的。因参与金谷之会的都是献媚的"望尘之友"，宵小之人，人格卑下，所以，石崇之于逸少，犹如翻飞在草丛里的鸥鸢之于直薄云天的鸿鹄。然而，只有用文化哲学的观念，才能揭出问题的真谛所在。两序的差异在文化哲学内涵上，从而反映出在东晋玄风煽扬下一批名士所受的影响。同时也可以看出,东晋玄学在说明和解释宇宙、人生、时空方面更有思想深度。王序不像石序那样感性地体验人生,而是理性地揭示玄理意味。这种玄理意味是在深悟人生后才有可能产生的。第六,郭沫若的论述引录不全,仅引为已所需之资料。为了论证《兰亭序》和王羲之的思想、性格不合,郭沫若就引录了《世说新语·言语篇》(亦见《晋书·谢安传》)的一席话("以骨鲠称"云云)说:"请把这段故事和传世《兰亭序》对比一下吧,那情趣不是完全像两个人吗?王羲之的性格是相当倔强的。"但是,郭沫若故意不引另一番话——同样见于《晋书》本传中。《晋书·王羲之传》记曰:"(王羲之)初渡浙江,便有终焉之志。会稽有佳山水,名士多居之,谢安未仕亦居焉。孙绰、李充、许询、支遁等皆以文义名世。并筑室东山,与羲之同好。"所谓"终焉之志"就是与自然山水的消融之志,而且渡江伊始,即有其志,带动一批名士求田问舍,"筑室东山",这样的思想和行为,恐怕不见得如郭沫若所说"相当倔强的"吧?第七,孙绰的《〈兰亭〉后序》写道:"乐与时过,悲亦系之。往复推移,新故相换。今日之迹,明复陈矣。"谢安《兰亭诗》写道:"万殊混一理,安复觉彭殇。"这和王羲之《兰亭序》:"固知一死生为虚诞,齐彭殇为妄作。"如出一辙。这在共同的思想语境中,才能解释清楚,郭沫若恰恰脱离了这一点。

**美学史的缺陷**。郭沫若认为:"《兰亭序》却悲得太没有道理。""王羲之的性格,就是这样倔强自负,他决不像传世《兰亭序》中所说的那样,为了'修短随化,终期于尽',而'悲夫''痛哉'起来。"这番话暴露了郭沫若对中国美学史研究的欠缺。孙绰《〈兰亭〉后序》中有句:"耀灵纵辔,急景西迈,乐与时会,悲亦系之,往复推移,新故相换,今日之迹,明复陈矣。"格调、情绪,甚至用语和《兰亭序》都完全相类。这个问题必须在六朝美学史共同精神体现象中寻求答案,而不是像郭沫若在个体人和文的轩轾中纠缠不已。

魏晋六朝美学界有一个重大美学命题:以悲为美。具体讲,在汉魏六朝,"悲"是审美感受的普泛性模式,是情感塑造的独特方式,如黄晖《论衡·自纪》校释所言:"以悲为美。"以悲作为心理调节和情感的归趋。奏乐以悲音为美音,听乐以悲音为知音,这是一种独特的心理经验现象。汉魏六朝提供了众多的文化审美现象,例如《证俗文》记:"京师宾婚嘉会,皆作魁礨，酒酣之后，续以挽歌。"《世说新语·任诞》记："张骥酒后，挽歌甚凄苦。"在"展诗清歌聊自宽"之余，却是"乐往哀来摧肺肝"的悲情。还有"赋其声音，则以悲哀为主；美其感化，则以垂涕为贵"等等。从汉代《古诗十九首》以后，弥漫着的人生无常的社会情绪，"人生寄一世，奄忽若飘尘"，以及以悲为美的审美情感的产生，都体现了一个主题：人的主题，人的自觉，情感的觉醒，即人对外发现了自然，对内发现了自身，对此，鲁迅《魏晋风度及文章与药及酒之关系》论之甚详。在这样的人性、人情、人的自觉时代的社会和美学语境中，才会出现郭沫若所再三不解和指责的王羲之《兰亭序》的"悲夫""痛哉"。东晋王羲之的《兰亭序》完全融入那个时代语境中，道出了他的玄言，发出了他的悲音，连文体结构模式（前写景色，后写玄理）都是如此。郭沫若的不解和指责，恰恰露出了他对那段美学史的隔膜，他说了外行话。

对中国的文学家、思想家、美学家，郭沫若用力最多、最勤、论述最多的是屈原，有身世考证，有思想研究，有美学探讨，有辩论驳难，有专著出版，有片论陈述，还有舞台剧本出台。对屈原，郭沫若可谓情有独钟，一往情深，推崇备至，赞美有加。正如《关于屈原》所评价的那样："屈原是永远值得后人崇拜的一位伟大的诗人，他的对于国族的忠烈和创作的绚烂，真真是光芒万丈。中华民族的尊重正义，抗拒强暴的优秀精神，一直到现在都被他扶植着。"《屈原的艺术与思想》也赞道："屈原是一个伟大的民族诗人。"……但郭沫若的屈原研究资料、提法、论述等，都大致不差，或大同小异，没有多少变化和新创。原先说过的话，再重复一遍，然后反复重复，有些甚至原样照搬，几乎不改一字。这就陷入自说自话、自我作茧的境地，影响了自身的学术突破和创新。郭沫若的学术偏心是出了名的，早年抑宋（玉）扬（屈），中年抑（曹）植扬（曹）丕，晚年抑杜（甫）扬（李）白，贯串了一生学术的每个阶段。

比如抑宋扬屈——凡论屈原必贬宋玉，成了一个不变的倾斜性格局，不仅用论文，而且用戏剧的形式来固定和显示。例如历史剧《屈原》，借剧中人婵娟之口，怒目戟指，痛骂宋玉："你这没有骨气的无耻的文人！"如此抑扬，没有任何历史的支撑。对曹氏兄弟，郭沫若是扬丕抑植，他说："曹丕恰恰和他（曹植）成为一个极鲜明的对照。"对曹丕大力捧扬，完全无视其在皇位继承权问题上的大权术和小动作。

郭沫若晚年撰写了一部较大规模的学术著作《李白与杜甫》。这部著作的出版引起了很大反响，其倾向完全是扬李抑杜，郭沫若严重的学术偏心眼又一次集中显露。就李白与杜甫而言，郭沫若的抑扬渊源有自。早在撰写《我的童年》时郭沫若就说过："唐诗中我喜欢王维、孟浩然，喜欢李白、柳宗元，而不甚喜欢杜甫，更有点痛恨韩退之。"1962年，在纪念世界文化名人杜甫诞生1250周年的开幕词中，郭沫若说："杜甫是生在一千多年前的人，他不能不受到历史的局限。例如他的忠君思想，他的'每饭不忘君'，便是无可掩饰的时代残疾。他经常把救国救民的大业寄托在人君身上，而结果是完全落空。封建时代的文人，大抵是这样，不限于杜甫。这种时代残疾，我们不必深责，也不必为他隐讳，更不必为他藻饰。例如有人说杜甫所忠的君是代表祖国，那是有意为杜甫搽粉，但可惜是违背历史真实的。"他讲演的主体对象是杜甫，已现抑杜思想，但又扯上了李白："我们今天在纪念杜甫，但我们相信，一提到杜甫谁也会联想到李白……我们希望在纪念杜甫的同时，在我们的心中也能纪念着李白。我们要向杜甫学习，也要向李白学习，最好把李白与杜甫结合起来。李白与杜甫的结合，换一句话说，也就是浪漫主义和现实主义的结合。"这些思想和偏见的累积，直至《李白与杜甫》发展到高峰。郭沫若在书中说："抑李而扬杜，差不多成为封建时代士大夫阶层的定论……解放以来的某些研究者却依然为元稹的见解所束缚，抑李而扬杜，做出不公平的判断。"他反其道而行之，来个兜底翻，几乎是彻底颠覆了此观点，大失分寸，甚至大失学者身价，让人大跌眼镜。他的抑扬失措，主要表现在以下几个方面，严重影响了他的学术声誉。

其一，无有准的。"一碗水端平"是基本和根本的学术评价标准和尺度。但同一件事情，发生在李白和杜甫身上，郭沫若的评价却截然相反，例如酒。《李白与杜甫》有大量篇幅说到此。对李白嗜酒，郭沫若总体上是这么认为的："读李白的诗使人感觉着：当他醉了的时候，是他最清醒的时候；当他没有醉的时候，是他最糊涂的时候。因此，他自己也'但愿长醉不愿醒'。"具体而言，酒，可以使李白亲民、爱民。郭沫若在书中解读《哭宣城善酿纪叟》诗时说："这诗也表现了李白不拿身份，能以平等的态度待人。人们自然也就喜欢他。旧时的乡村酒店，爱在灯笼或酒帘上写出'太白世家'或'太白遗风'等字样，这是对于李白的自发性的纪念。"酒，可以把李白从道教迷信中解脱出来。"嗜酒自然是坏事，但对李白说来，有有害的一面，也有有利的一面。那就是，酒是使他从迷信中觉醒的触媒"，从《拟古》等诗"看来，酒仿佛成了李白的保护神，使他逐步减少了被神仙丹液所摧残和毒害。以蟹螯代替丹液，把糟丘看作神山，这在李白是一种飞跃"。李白酒中出好诗，"他的好诗，多半是在醉后做的"。酒是李白的保护神，酒是李白声望的显示仪，酒是李白摆脱愚昧、走向进步的助推器，郭沫若就是这么看的。同样是喝酒，杜甫就没有资格享受这样的评价和待遇，"杜甫实在是拼命在喝酒——说他'拼命'，一点也不夸张"，"杜甫这样拼命嗜酒的态度，从少年到老，一直到临终，都没有改变"。"杜甫也同样嗜酒，但也没有看见过，也没有听说过，任何地方的酒店打出过'少陵世家'或'少陵遗风'的招牌。"郭沫若考证，杜甫最后死于"牛酒"，他概括道："总之，杜甫的嗜酒并不亚于李白，有大量诗篇可以证明。新旧研究家们的眼睛里面有了白内障——'诗圣'或'人民诗人'，因而视若无睹，一千多年来都使杜甫呈现出一个道貌岸然的样子，是值得惊异的。"如此抑扬，不啻霄壤。

其二，无限拔高。对李白《陪侍郎叔游洞庭醉后》的第三首，郭沫若说："我乐于肯定：李白要'划却君山'是从农事上着想，要扩大耕地面积。'巴陵无限酒'不是让李白三两人来醉，而是让所有的巴陵人来醉。这样才能把那样广阔的洞庭湖的秋色'醉杀'（醉到尽头，醉得没有剩余）。因此，李白'划却君山'的动机和目的，应该说才是真正为了人民。"李白立刻变成了为人民服务的伟大诗人。对《秋浦歌》第十四首，"炉火照天地，红星乱紫烟。赧郎明月夜，歌曲动寒川"，郭沫若激赏道："虽仅寥寥二十字，却把冶矿工人歌颂得很有气魄……工人们一面冶炼，一面唱歌，歌声使附近的贵池水卷起了波澜。这好像是近代的一幅油画，而且是以工人为题材。""这些歌颂工农生活的诗……是一片真情流露的平民性的结晶。"在郭沫若笔下，李白这些诗成了工人阶级的颂歌，李白获得了工人诗人桂冠身份。

其三，无端指责。对杜甫的"三吏""三别"，郭沫若指责道："诗人的同情，应该说是廉价的同情；他的安慰，是在自己安慰自己；他的怨天恨地是在为祸国殃民者推卸责任。""杜甫自己是站在地主阶级的立场上的人，六首诗中所描绘的人民形象，无论男女老少，都是经过严密的阶级滤器所滤选出来的驯良老百姓，驯善得和绵羊一样，没有一丝一毫的反抗精神。这种人正合乎地主阶级、统治阶级的需要，是杜甫理想化了的所谓良民。杜甫是不希望人民有反抗精神的,如果有得一丝一毫那样的情绪,那就归于'盗贼'的范畴,是为杜甫所不能同情的危险分子。"这种指责,已经离谱。

其四,无理苛求。对杜甫"朱门酒肉臭,路有冻死骨",郭沫若发问道:"既认识了这个矛盾,应该怎样来处理这个矛盾?也就是说:你究竟是站在哪一个的立场,为谁服务?""应该怎样来处理这个矛盾",用在杜甫身上,只能是无理苛求、苛责,令人啼笑皆非。

其五,无视艺术。对杜甫诗句"新松恨不高千尺",郭沫若批评道:"松树要高到一千尺,是不可能的。"其实,这是一个艺术的夸张句,犹如李白的"白发三千丈"。夸张为诗歌常见的艺术手法,属于反常合道的审美变形,不应用事实判断,而是应当用知觉判断。知觉判断才是艺术更高和更富于审美感的判断。郭沫若用这样的批评话语,实在是无视艺术。又如对《石壕吏》,郭沫若批评道:"诗人完全作为一个无言的旁观者,是值得惊异的。"这首诗真的是这样吗?诗中写道:"听妇前致词。""夜久语声绝,如闻泣幽咽。""天明登前途,独与老翁别。"诗中始终有一个稳定的听觉和视觉形象,这就是诗人杜甫。他对投宿石壕村的一家人,始终保持着休戚与共、感同身受的态度。怎么是"一个无言的旁观者"呢?郭沫若无视这首诗听觉艺术形象和视觉艺术形象,倒是"值得惊异的"。

学术研究不可避免地有个人喜好,带有研究者主体的情感好恶倾向,但是,学术乃公器,当与天下共,有一个共同的价值标准和评判尺度,需要共同遵守。否则,无有规则,任意评骘,随心所欲,或扬之九霄,或抑之地狱,分寸动乱,学界岂不大乱!

就前后期而言,郭沫若后期走向前期的反面,可以说是颠覆和背叛。前期刚刚出道,小心谨慎,重视实证,有一分根据,说一分话,后期臆测,想当然,思想膨胀,说过头话,说大话,用诗人之心用于严谨的学术研究,以致走样、变味。他的学术研究往往带有随机性、冲动性、灵感性,由某一点受触发,或忽然想到什么,拿起笔来就写,缺乏准备和积淀,流于心血来潮、信口开河,甚至学术规范都有问题。其他有些提法、说法、观点不值一驳,成为学界的笑柄。其后期成果远远不可和鲁迅的中国小说美学、闻一多的唐诗美学、朱自清的古典美学、郑振铎的通俗文学美学、宗白华的魏晋书法美学等相提并论。从中国美学史研究这个窗口,可以看到郭沫若其人其文的悲剧。

# 第十一章　闻一多与中国美学史研究

郭沫若在开明版《〈闻一多全集〉序》中说:"一多对于文化遗产的整理工作,内容很广泛,但他所致力的对象是秦以前和唐代的诗与诗人。关于秦以前的东西除掉一部分的神话传说的再建之外,他对于《周易》《诗经》《庄子》《楚辞》这四种古籍,实实在在下了惊人的很大的功夫。就他所已成就的而言,我自己是这样感觉着,他那眼光的犀利、考索的赅博、立说的新颖而翔实,不仅是前无古人,恐怕还要后无来者的。"这个评价真是无以复加的了。在这篇序言中,郭沫若还特地说明道:"这些都不是我一个人在这儿信口开河,凡是细心阅读他这《全集》的人,我相信都会发生同感。"这番话确实道出了读者的同感共识。同时,经过这么多年的文化事实检验证明,这个评价并非言过其实、溢美谀辞。

且不论闻一多是著名的诗人、画家、篆刻家,单就文化学者而言,其研究的范围十分广博,涉及一连串的领域;所取得的成就十分深湛,时至今日,在许多方面还处于领先状态,无人超越。中国美学史研究就属于其中之一,现在专就这一问题,展开论述。

## 第一节　多领域的美学史研究成就

闻一多之所以在中国美学史的研究上取得多领域的杰出成就,是因为有一个学理性前提,即他的美学史观念以鲜明的美学思想为基础,具体而言,有以下几类。

**审美心理发生论**。郑临川在《闻一多先生的中华民族文学观》中引录了闻一多一个重要的美学观点。闻一多认为，诗人都是在"闲暇时写诗，读了可使人精神清爽舒畅，起到静赏自然、调理性情的功效。……故在中国便没有写诗的职业作家，就整个文化来说，诗人对诗的贡献是次要的，重要的是使人精神有所寄托。这些诗人多是享受生活与自然，随意欣赏，写成诗句，娱己娱人"。他在《诗的唐朝》中说："诗是唐人排解感情纠葛的特效剂。"这些论述是本体意义上的审美发生学，真正揭示了诗的审美产生的主体因素。

**美学史探源论**。闻一多对中国美学史的发生原因有独特的发现和诠释，不同于劳动说、模仿说、性欲说等等。其《论古代文学·从美术观点看古代文学》说："古人以对称为美的观念，固然来自图案，其实也是来源于生理上的对称，甚至心理上亦有对称之需要。""古代美的观念在求实用，能用就算是美。因此古代器物部分每加上花纹，目的在促进人的美感，让人使用时放心。"把美和美感与生理、心理要素联系在一起，这在对中国美学史的论述上是十分新颖的。

特别是在近两千年的《诗经》学史上，闻一多廓清了儒学释《诗》的迷雾，第一次让《诗》摆脱了经学的范畴，回归到文艺、美学的本位上来。闻一多的贡献是划时代和创世纪的。他说：

> 汉人功利观念太深，把《三百篇》做了政治的课本；宋人稍好点，又拉着道学不放手——一股头巾气；清人较为客观，但训诂学不是诗；近人囊中满是科学方法，真厉害。无奈历史……离诗还是很远。明明一部歌谣集，为什么没人认真的把它当文艺看呢！

无论批判，还是立论，都是振聋发聩，在论述机制上，最终实现了以美学观念解读美学史的目标，不仅在《诗经》学史上刷新了局面，而且对于中国美学史研究意义宏远。

**纯美学观念评价论**。例如闻一多《论〈天问〉》认为："《九章》可作《离骚》注脚，以《悲回风》一章最美，《湘夫人》篇中的佳句是自然流露，而《九辩》则又更进一层，更近代化，诗意更足。同《天问》比较，《天问》情绪是冷的，《九辩》则是热的。二者同时对宇宙现象、美或真发生反应，而形成两个类型，在中国文学发展上起过重要的历史作用。"——所评述的视阈和立足点是审美，而在勾勒发展线索时，则贯串着美学史的观念。在这样的理思前提下，闻一多就广泛地涉足中国美学史领域了，现举其要者分述于下。

**神话与美学**。闻一多在中国神话学里程碑式的著作《伏羲考》中明确说出，神话在我们文化中所占的势力很雄厚。闻一多的神话研究著作，就有《朝云考》《高唐神女传说之分析》《神仙考》《伏羲考》《端午考》《龙凤两种图腾舞的遗留》《〈诗经〉的性欲观》《说鱼》等，面广量大。闻一多对神话学侧重于神话原型、隐喻思维在积淀中变异现象的研究。在《高唐神女传说之分析》中，他一方面认为："楚人所祀为高禖的那位高唐神，必定也就是他们那'厥初生民'的始祖高阳，而高阳则本是女性，与夏的始祖女娲，殷的始祖简狄，周的始祖姜嫄同例。"另一方面又指出："高禖的祀典也有'天子前往，后妃率九嫔御'一节，而在民间，则《周礼·媒氏》'仲春之月，令会男女'，与夫《桑中》《溱洧》等诗所昭示的风俗，也就是祀高禖的故事……确乎是十足的代表着那以生殖机能为宗教的原始时代的一种礼俗。文明的进步把羞耻心培植出来了，虔诚一变而为淫欲，惊畏一变而为玩狎，于是那以先妣而兼高禖的高唐，在宋玉的赋中，便不能不堕落成一个奔女了。"这就把神话母体在积淀和变异中的演变情形论述得十分精彩。

**生殖崇拜与美学**。在中国近现代引进西方生殖崇拜文化学研究方面，闻一多是很早和很有成就的一位学者。闻一多对生殖崇拜学和美学关系的研究，着眼点是生殖崇拜的审美象征。象征是意义的异质同构，在形式上具备了一致性，这样，象征体就产生了隐喻思维意义。例如"鱼"，闻一多撰《说鱼》文，专论鱼的隐喻意义，"鱼"遂成为"匹偶""情侣"的生殖文化象征体，"以'鱼'来代替'匹偶'和'情侣'……时代至少从东周到今天，地域从黄河流域到珠江流域，民族至少包括汉、苗、瑶、僮"。那么，鱼何以会成为生殖崇拜的文化象征符号呢？闻一多认为："这除了它的繁殖功能，似乎没有更好的解释。大家知道，在原始人类的观念里，婚姻是人生第一大事，而传种是婚姻的唯一目的，这在我国古代的礼俗中，表现得非常清楚，不必赘述。种族的繁殖既如此被重视，而鱼是繁殖力最强的一种生物，所以在古代，把一个人比作鱼，在某一意义上，差不多就等于恭维他是最好的人，而在青年男女间，若称其对方为鱼，那就等于说：'你是我最理想的配偶！'"鱼腹多卵，以其生殖能力之强，暗合了人的生殖能力，异质同构，便为象征。这个象征体具有人类进步的巨大历史意义。因为有这个象征体，人类才生生不已、繁衍不息。

生殖图腾是兴象，是象征，亦是一种隐语。闻一多《说鱼》第一章辟《什么是隐语》专门对"隐语"做了独特的阐释，以此作为生殖崇拜文化符号密码破译的理论依据："隐语，古人只称作隐，它的手段和喻一样，而目的完全相反。……隐训藏，是借另一事物来把本来可以说得明白的说得不明白点。"闻一多还独特地把《诗》《易》的"兴""象"连接起来，并推导为"隐"："隐在六经中，相当于《易》的'象'和《诗》的'兴'（喻不用讲，是《诗》的'比'），预言必须有神秘性（天机不可泄露），所以占卜家的语言少不了象……诗人的语言中，尤其不能没有兴。象与兴实际都是隐，有话不能明说的隐，所以《易》有《诗》的效果，《诗》亦兼《易》的功能，而二者在形式上往往不能分别。"

闻一多把"兴象""隐""象征"视为同一体来体认："西洋人所谓意象、象征，都是同类的东西，而用中国术语说来，实在都是隐。"那么，潜藏在水中的热流是什么呢？生命！这正是隐语的谜底。人类赖于此而有本能的生命和文化生命，雄伟、强大。它进而发展为美学生命。在形式层面上，"隐语"启示审美的功能，孕育审美潜在力的形成和发挥。在这一点上，闻一多同样有卓越的探寻。《说鱼》说："隐语的作用，不仅是消极的解决困难，而且是积极的增加兴趣，困难愈大，活动愈秘密，兴趣愈浓厚，这里便是隐语的，也便是《易》与《诗》的魔力的泉源。"这就接触到隐语的审美功能和效应。审美愈隐，其张力愈大。正因为以《诗》《易》和"隐语"为源，艺术的审美之"隐"才会顺理成章。到南朝齐梁时刘勰的《文心雕龙》终于以独立的审美命题和范畴——"隐秀"出现了。刘勰立《隐秀》专章，取义大多来自《诗》《易》，他写道："夫隐之为体，义生文外，秘响旁通，伏采潜发，譬爻象之变互体，川渎之韫珠玉也。故互体变爻，而化成四象；珠玉潜水，而澜表方圆。始正而末奇，内明而外润，使玩之者无穷，味之者不厌矣。"

总之，生殖崇拜和美学的互构对应以生命动力、生存意识、生命意识为交契点，从而赋予美学以生命形态。它以"兴象""隐""象征"为基因，为核点，出现合逻辑性的转移、演化，最终为美学的形态与美学研究史上的经验概括提供了条件，从而使鸿蒙时期的生命激情勃兴幻化为审美意味和情趣。这是艺术的重要起源和基本图序。正是在这里，奠定了闻一多在近现代生殖崇拜研究史上的崇高地位。

**美术与美学**。郑临川述评《闻一多论古典文学》的首章就是《从美术观点看古代文学》，这是一个独特的认识和研究视角。说到美术、绘画，这可就回到闻一多的"当行本色"上来了。闻一多是从美术起步的，他在写给饶孟侃的信中就曾自我调侃地说："绘画本是我的元配夫人，海外归来，逡巡两载，发妻背世，诗升正室。最近又置了一个妙龄的姬人——篆刻是也。似玉精神，如花面貌，亮能宠擅专房，遂使诗夫人顿兴弃扇之悲。"这番话语，把闻一多自身文化旅程表述得妙趣横生。从这个美术视角，闻一多展开了若干论述层面。

闻一多认为，美术和文字是同时产生的。"按文字的起源，或为古代图画的副产品。古人先作器物，再于其上加图案，然后以文字点缀图案，故中国文字始终成为一种艺术品。"[①]西方人重视中国器物的花纹，中国人则重视文字。研究文字才能准确判断器物的时代，这是一条独有的阐释途径。闻一多将绘画美学史分为三个大的阶段：装饰，写实，写意。在美学史区段上，青铜器时期是绘画的装饰时期，自汉至唐是绘画的写实时期，唐以后是绘画的写意时期。三大时期的界定完全符合中国美学史发展和演变的实际状况。闻一多认为："研究古器物当从三方面入手：（一）形制（二）花纹（三）著象。著象即指器物上附加的饕餮，是一兽象的头部，是立体而非平面的，它之与花纹不同，乃是在器物铸成以后加上去的。"[②]

闻一多赞同郭沫若青铜器的四分期说，但闻一多毕竟又是一位画家，他更具体深入地论述了四个时期花纹的不同特点。"大体上说，第一期器物的形制极厚重简陋，满身雕花，纹路极深。这里先解释两个名词：（一）浮雕，为平面画所刻成，有浅深之别；（二）圆雕，中国谓之透雕，即深浮雕，如腾空而立的样子。第一期的器物即用第二种雕纹，在著象方面为怪兽，面目完全是想象而非实有的。第二期形制与第一期相同，花纹较浅而减省，不再满身雕刻，只是刻在器物的边口上，饕餮也仅注重安放在足部。第三期形制已变，且较纤巧，花纹更趋于抽象，成为几何式图案，线条来得细密，著象则已成写实的物象。第四期的器物形制更为纤巧而脆薄，花纹较

---

① 郑临川：《闻一多论古典文学》，重庆出版社1984年版，第3页。
② 郑临川：《闻一多论古典文学》，重庆出版社1984年版，第4页。

前更细密，著象也更加写实了。"①在论述了青铜器的四个时期后，闻一多分别概括了各个时期的美术美学特点："以第一期花纹最旺盛，第二期因花纹的减少而列居其次，第三期为复兴期，花纹形象颇为生动，第四期花纹不再用圆雕，而是平面刻上去的。"然后，闻一多用简洁的语言概括道："第一期雄厚，第二期雅健，第三期纤丽，第四期衰落。"②这种描述和概括是精准的，完全符合青铜器花纹美学的演化情形。而闻一多又迁想妙得，把文学和美术连接起来，说："我国上古文学，《诗经》时代相当于铜器的纤丽时代，《楚辞》时代则相当于铜器衰落时代。在文学发展上，《楚辞》文学比《诗经》进了一步，辞藻和意境都有很大程度的提高。"这种比附巧妙而别致。

**音乐与美学**。《闻一多论古典文学·古代的音乐与诗》中开宗明义说："中国古代的音乐和诗的关系非常密切。"但闻一多不是泛泛而论，乃是把触须探寻到地域和时代。例如他论述了秦国用缶作为主乐，"郑卫之乐常用弦索与竹管"，而"凡是以鼓为节的配乐诗"，多为齐国的诗等差异现象。他还采用两个独到的视角，一个是"从舞容方面也可推定当时乐与诗的关系"，另一个"就当时有关评语，同样可以了解乐与诗的概貌"。

闻一多在音乐与美学上有一个重要的文化、艺术、美学的视角，即"南北物质文明发展给予音乐与诗歌的影响"。在运用地理文化学的原理时，在地理环境中，闻一多特别重视那些南北结合部。他提到了河南南阳，"河南在古代为商业中心"，"南阳尤其是当时南北交通的枢纽"，"所以南阳就是《诗经》中所指的'南'。此地到汉代还存在'小长安'的称号，它在春秋时代的繁荣可以想见"，"因此在文化上自然形成有代表性的地区，从而产生了所谓'周南'的乐调"。还有湖北襄阳，"乐府诗中有《襄阳大堤曲》，这是因为襄阳后来发展成为商业中心，居民殷富，便产生对音乐文艺的兴趣爱好，也就出现了咏赞本地风光的诗歌"。继而，闻一多对于中国美学史又有杰出的发现："'南'遂由简单的诗句进化为乐调与歌词更为复杂的'楚辞'。""从此雅颂声息而'楚辞'代兴遂成必然趋势。"③这就触及音乐和诗学的发展历程了，带有美学史的色彩、意味。

---

① 郑临川：《闻一多论古典文学》，重庆出版社1984年版，第4页。
② 郑临川：《闻一多论古典文学》，重庆出版社1984年版，第5页。
③ 郑临川：《闻一多论古典文学》，重庆出版社1984年版，第31—32页。

## 第二节　传统和现代相融合的美学史结晶

闻一多的老友朱自清为《闻一多全集》所写的序中说："他是一个斗士，但是他又是一个诗人和学者。这三重人格集合在他身上，因时期的不同而或隐或现……学者的时期最长，斗士的时期最短，然而他始终不失为一个诗人；而在诗人和学者的时期，他也始终不失为一个斗士。"[①]朱自清虽是闻一多私友，却无私情，完全站在中国现代史的高度对三位一体的闻一多加以准确的历史定位。而作为一生"时期最长"的学者，闻一多所涉及的古典文化领域极为宽泛，诸如上古神话、金文考古、先秦诸子、《诗经》、《楚辞》、汉代乐府、唐代诗文等等，将他称为纯学者，名实相副。这又应当回归到朱自清为闻一多全集所作序的另一番评述，朱自清说，就古典文化而言，"他在'故纸堆里讨生活'，第一步还得走正统的道路，就是语史学的和历史学的道路，也就是还得从训诂和史料的考据入手。在青岛大学任教的时候，他已经开始研究唐诗；他本是个诗人，从诗到诗是很近便的路。那时工作的重心在历史的考据。后来又从唐诗扩展到《诗经》《楚辞》，也还是从诗到诗。然而他得弄语史学了。他读卜辞，读铜器铭文，从这些里找训诂的源头……他不但研究着文化人类学，还研究弗洛伊德的心理分析学来照明原始社会生活这个对象。从集体到人民，从男女到饮食，只要再跨上一步，所以他终于要研究起唯物史观来了，要在这基础上建筑起中国文学史。"[②]这可以说是闻一多学术史生涯的精当概括，由此也就透现出闻一多基本研究特色。

在治学过程中，闻一多把中国传统的训诂考据旧学和西方的源源传入的西学结合起来，把传统和现代结合起来，把科学性和审美性结合起来，融汇一体，既复活历史场景，又有个人的独特发挥。他把零星化、碎片化的文本资料加以程序化、系统化，变成完整的资料汇集或总集。他在资料、文献的整理过程中又表现出质疑的态度，他在浩如烟海的资料对象面前有明确的主体意识和强烈的时代使命感。他的身上有着无可争辩的清代朴学精神，严谨

---

① 朱自清：《〈闻一多全集〉序》，见《闻一多全集》第12卷，湖北人民出版社1993年版，第445—446页。

② 朱自清：《〈闻一多全集〉序》，见《闻一多全集》第12卷，湖北人民出版社1993年版，第446—447页。

求实，精细如发，又有灵动活泼的诗人气质、激情、想象。他大胆设想，小心求证。学富五车，才高八斗，这个评价，他当之无愧。他的学殖和才情，取得了完美统一。他既有坚牢的学术实力、学术规范，又有美学的智慧，蒸发无所不在的灵气。闻一多是通家、大才，几乎涉及新老文化学的所有领地，诸如古典文化学、民俗学、考据学、民族学、宗教学、文化人类学、文化阐释学、精神分析学等等。一个人得其一者，足可以名世，他却兼得，更属罕见。

而更为难得的是，闻一多对其所涉猎的每一个领域都下了真功夫，曹雪芹说，《红楼梦》的创作"十年辛苦不寻常"，而闻一多仅《〈楚辞〉校补》就花了整整十年工夫，其"引言"说：

> 较古的文学作品所以难读，大概不出三种原因：（一）先作品而存在的时代背景与作者个人的意识形态，因年代久远，史料不足，难于了解；（二）作品所用的语言文字，尤其那些"约定俗成"的白字（训诂家所谓"假借字"），最易陷读者于多歧亡羊的苦境；（三）后作品而产生的传本的讹误，往往也误人不浅。《楚辞》恰巧是这三种困难都具备的一部古书，所以在研究它时，我曾针对着上述诸点，给自己立下了三项课题：（一）说明背景，（二）诠释词义，（三）校正文字。

这完全是甘苦之言，也是经验之谈。循着这样的研究路向，其精严细密，自不待言。大致而言，闻一多的研究方法包括以下几种，完全值得现今学者仿效。

**以文献学为先导**。作为文化知识结构高度完善的学者，闻一多有其独到的基础。闻一多有两部传世著作——《唐诗大系》《唐诗杂论》（尚有未完成的带有文献性质的著作《全唐诗校勘记》《全唐诗补编》《全唐诗人小传订补》《全唐诗人生卒年考》），其中《唐诗大系》收进唐和五代诗人二百六十三名，诗一千四百多首，其校勘功力非比寻常。两本书如果从各自的学术功能上加以区分的话，前者是文献，后者是论说；前者是基础，后者是发挥；前者是旧学，后者是新知。他把清代朴学和所接受的西学水乳交融地结合在一起，在这两书中有集中的体现，标高了闻一多完型的知识系统。正因为如此，闻一多就直凌中国文化史、中国文学史以及中国美学史的峰巅。而这种考据又带有闻一多鲜明的个人特点，即以诗性化的语言描述考据的成果。例如《唐诗杂论·四杰》称王勃："一个人在短短二十八年的生命里，已经完成了这样多方面的一大堆著述：《舟中纂序》五卷，《周易发挥》五卷，《次论语》十卷，《汉书指瑕》十卷，《大唐千岁历》若干卷，《黄帝八十一难经注》若干卷，《合论》十卷，《续文中子书序诗序》若干篇，《玄经传》若干卷，《文集》三十卷。"情感和赞叹蕴蓄在平实的文集罗列和数字陈说之中。功力深厚，眼识深邃，两者绰有余裕地组合、配置、运用，遂使闻一多在这个领域游刃有余地翱翔。

**以"类书"为着力点**。闻一多的唐诗美学史研究独具只眼地发现了"类书"作为文化学术因素的影响作用。他在《唐诗杂论·类书与诗》中认为："还有一个可以称为第三种性质的东西，那便是类书。它既不全是文学，又不全是学术，而是介乎二者之间的一种东西，或者说兼有二者的混合体。这种畸形的产物，最足以代表唐初的那种太像文学的学术，和太像学术的文学了。"在唐诗研究史上，这是首家发现，解开了初唐诗的许多关节现象。所谓"类书"，就是指《艺文类聚》《事类》《初学记》等文献作品。唐初的诗歌不是标准形态的诗歌，是类书辞句的堆垛，故没有诗的审美化可言。那是一个粗糙的诗的过滤期和转换期。因此，闻一多对唐初五十年有一个惊世骇俗的论说：

> 所以我们要谈的这五十年，说是唐的头，倒不如说是六朝的尾。

真是发人所未发，是罕见的历史、文学史、美学史的宏通而犀利的识见。闻一多具体解释道："寻常我们提起六朝，只记得它的文学，不知道那时期对于学术的兴趣更加浓厚。唐初五十年所以像六朝，也正是这一点。这时期如果在文学史上占有任何位置，不是因为它在文学本身上有多少价值，而是因为它对于文学的研究特别热心，一方面把文学当作学术来研究，同时又用一种偏向于文学的观点来研究其余的学术。"这正如郑临川述评《闻一多论古典文学·初唐诗》先引用六朝时钟嵘《诗品序》的话："观古今胜语，多非补假，皆由直寻。颜延、谢庄，尤为繁密，于时化之。故大明、泰始中，文章殆同书抄。近任昉、王元长等，词不贵奇，竞须新事，尔来作者，寖以成俗。遂乃句无虚语，语无虚字，拘挛补衲，蠹文已甚。"接着，闻一多发表议论："这是叙述六朝人那种制造事类的风气，一种机械的、堆砌的文学偏向。唐初诗人一面继承了六朝的声律传统，把诗的形式要求工整，因而导致沈（佺期）宋（之问）律诗的完成，一面又继承了六朝那种学术材料的搜集工作，拿学术观点研究文学成为这时期的特色，最明显的表现便是类书的编辑，造成一时期内若干毫无性灵的类书式的诗。"这些在六朝、唐初坚实的文献基础之上搜括来、抽绎出的卓见慧识，完全刷新了中古文化史、文学史以及美学史研究。

**以宫体诗为参照系**。闻一多唐诗美学史研究另一个重大贡献是以宫体诗作为参照系，论说了初唐诗的演变过程。这条诗美学史线索的发展轨迹，是先受宫体诗深重影响，再到突破，直至彻底改变面貌，自成局面。其诗人的具体表征是骆宾王、卢照邻再到刘希夷，最后到张若虚。总体的内容描述是承续宫体诗，进而"自赎"宫体诗，完成"宫体诗"的凤凰涅槃。

闻一多在《唐诗杂论》中首先从卢照邻的《长安古意》切入，引用其中的诗句："长安大道连狭斜，青牛白马七宝车。玉辇纵横过主第，金鞭络绎向侯家。龙衔宝盖承朝日，凤吐流苏带晚霞。百尺游丝争绕树，一群娇鸟共啼花。"他认为，这在宫体诗上撕开了一道绝大的口子，他尽情赞赏道："是宫体诗中一个破天荒的大转变。一手挽住衰老了的颓废，教给他如何回到健全的欲望，一手又指给他欲望的幻灭。这诗中善与恶都是积极的，所以二者似相反而实相成。我敢说《长安古意》的恶的方面比善的方面还有用。"整个时代的审美理想出现重大变化，闻一多说："堕落毕竟到了尽头，转机也来了。"就卢照邻所运用的审美手法而言，是以毒攻毒。闻一多情尽意满、挥洒自如地写道：

> 在窒息的阴霾中，四面是细弱的虫吟，虚空而疲倦，忽然一声霹雳，接着的是狂风暴雨！虫吟听不见了，这样便是卢照邻《长安古意》的出现。这首诗在当时的成功不是偶然的。放开了粗豪而圆润的嗓子……这生龙活虎般腾踔的节奏，首先已够教人们如大梦初醒而心花怒放了。然后如云的车骑，载着长安中各色人物panorama式的一幕幕出现。通过"五剧三条"的"弱柳青槐"来"共宿娼家桃李蹊"。诚然这不是一场美丽的热闹，但这颠狂中有战栗，堕落中有灵性。"得成比目何辞死，愿作鸳鸯不羡仙"，比起以前那光是病态的无耻，"相看气息望君怜，谁能含羞不肯前"（简文帝《乌楼曲》）！如今这是什么气魄！对于时人那虚弱的感情，这真有起死回生的力量……

卢照邻在沉寂中爆发一声雷鸣，横冲直撞，无所顾忌，扫荡局面。这就确立了卢照邻在初唐诗美学史开创性的地位。

**以大、长为美的标杆。**闻一多在《唐诗杂论》中评价骆宾王"尤其好大成癖","有不少成分是仗着他那篇幅的",以浩大的《帝京篇》和长达一百韵的《畴昔篇》为代表。他在《唐诗杂论·四杰》中说:"卢、骆的歌行,是用铺张扬厉的赋法膨胀过了的乐府新曲,而乐府新曲又是宫体诗的一种新发展,所以卢、骆实际上是宫体诗的改造者。他们都曾经是两京和成都市中的轻薄子,他们的使命是以市井的放纵改造宫廷的堕落,以大胆代替羞怯,以自由代替局缩,所以他们的歌声需要大开大阖的节奏,他们必须以赋为诗。"闻一多认为,这样大、长的篇幅就带来了力量、气势。他说:"这力量,前人谓之'气势',其实就是感情。有真实感情,所以卢、骆的来到,能使人们麻痹了百余年的心灵复活。有感情,所以卢、骆的作品,正如杜甫所预言的,'不废江河万古流'。"

如果卢、骆对于宫体诗是撕开一道口子,刘希夷就是扩大战果,闻一多认为:"回返常态确乎是刘希夷的一个主要特质。"《唐诗杂论·宫体诗的自赎》说:"刘希夷是卢、骆的狂风暴雨后宁静爽朗的黄昏。""也从没有不归于正的时候。感情返到正常状态是宫体诗的又一重大阶段。唯其如此,所以烦躁与紧张都消失了,只剩下一片晶莹的宁静。就在此刻,恋人才变成诗人,憬悟到万象的和谐,与那一水一石一草一木的神秘的不可抵抗的美。""就在那彻悟的一刹那间,恋人也就变成哲人了。"正因为如此,闻一多对《代悲白头翁》才予以极高的评价:"蜣螂转丸式的宫体诗一跃而到庄严的宇宙意识,这可太远了,太惊人了!这时的刘希夷已跨近了张若虚半步,而离绝顶不远了。"这样,在初唐美学史上,张若虚就彻底实现了"宫体诗的自赎",浴火新生。大江已经缓缓东流,闻一多也就尽情地赞美了。对于《春江花月夜》这首"以孤篇压倒全唐之作",闻一多在《唐诗杂论·宫体诗的自赎》中赞美道:"更迥绝的宇宙意识!一个更深沉,更寥廓,更宁静的境界!在神奇的永恒前面,作者只有错愕,没有憧憬,没有悲伤。"闻一多认为:"只张若虚这态度不亢不卑,冲融和易才是最纯正的。'有限'与'无限','有情'与'无情'——诗人与'永恒'猝然相遇,一见如故,于是谈开了——'江畔何人初见月?江月何年初照人?……江月年年只相似,不知江月待何人?'对每一问题,他得到的仿佛是一个更神秘的更渊默的微笑,他更迷惘了,然而也满足了。""这里一番神秘而又亲切的,如梦境的晤谈,有的是强烈的宇宙意识,被宇宙意识升华过的纯洁的爱情,又由爱情辐射出来的同情心。"闻一多用最高级的赞辞赞美道:"这是诗中的诗,顶峰上的顶峰。"其评价用语可谓登峰造极。

闻一多的初唐诗歌美学史研究是实现传统和现代精神融合的经典范式,功夫才情,相得益彰,焕发现代性意识的异彩,成为他总体美学史研究的缩影。

## 第三节 史识 诗情 哲思

闻一多在中国美学史研究上取得了卓越的成就,就主体的文化功能而言,把文、史、哲、美四者打通,融汇一体,即以文学为对象,哲学为精神,史学为引领,美学为基点,文、史、哲全部拢聚起来,最后得心应手地解读了美学史的一系列现象。在把文、史、哲、美融会贯通的过程中,他又同时运用了先进的方法论。比如:

**将时代和美学相结合。**闻一多在《论〈天问〉》中说:"文学是时代精神的反映,故要知某种文学发生于某个时代,就当看那个时代精神是否同文学作品的描述结合。"这个发论,在当时确是难能可贵的。然后,闻一多就在历史的长河中,对文学、美学现象加以论述。他说:"《诗经》与《楚辞》为两个时代的产物,两者截然不同。"他别开生面地指出:"《诗经》为封建时代(封建时代为中国历史旧有的概念,与现在所说的概念不同)的产物,而《楚辞》则是封建制破坏后的作品。"之所以有根本的区别,是因为前者产生于春秋时代,后者则产生于战国时代。在这个描述过程中,最精彩也最富于原创性的是他先秦到西汉"以大为美"的提法和美学史评说。"凡大为美,其美无以名之。""后来的《两京》《三都》诸赋,无非仿自《上林》《子虚》,由此可知在当时的人还懂得大就是美,所以那些大赋还能受到称赏。""读《天问》这类大作品,不可无一,亦不可有二。读时应从技巧方面入手,庄子的大,为想象的空间的大;而《子虚》《上林赋》则是写有积的大;《天问》的大,它的笔调变换也极尽其美。"对"以大为美"的解说,在理念上是至为宏观而切实的。

闻一多从时代、社会解读审美现象,反之,则又从审美现象揭示时代、社会现象。《论〈天问〉》说:"自王仲宣(粲)《登楼赋》出来以后,则以大为美的欣赏风气荡然无余。"其产生的原因要从时代、社会根源上去寻找："这种风气的形成又是和汉帝国的强盛有关。"①其解释富于历史学、社会学的色彩。

解读《诗经·国风》，过去依靠的是经学、史学、文学，但闻一多的《风诗类抄》加上了"社会学的"解读。国风"可当社会史料、文化史料读"，"对于文学的欣赏只有帮助无损害"。这就耳目一新，增加了阐释维度，开扩了《诗经》的新场面。

因为有了社会学的美学史研究方法论，对许多的美学史现象的研究就迎刃而解。例如闻一多在《诗的唐朝》中对于文学审美现象和思潮的转变，诗风平民化的解读就是范例。"唐玄宗末叶，门阀消歇，但有士人，而无士族，贵族与平民通约了。杜甫、元结及《箧中集》诗人开新纪元，以平民作风写平民题材"，"天宝大乱以后，门阀贵族几乎消灭干净，杜甫所代表的另一时代的新诗风就从此开始"，因此"唐诗在天宝前后完全是两种迥然不同的风格面目"。——他建立了社会学—美学的价值体系。

**复原现场**。闻一多研究中国文学史、中国美学史方法论的又一个亮点，或谓创新之处是：复原历史现场（包括社会情景、文本场景），回归文学或美学所产生的当时语境、背景，用彼时彼地构合要素来解读或诠释文学、美学现象。

刘烜的《闻一多评传》披露了闻一多的一个重要提法："我是把古书放在古人的生活范畴里去研究。"又说："用《诗经》时代的眼光读《诗经》。"《论〈天问〉》说："以庄子的态度读《天问》"，"便知此篇的作者的确是古今中外的最大诗人，他问尽了宇宙时空的最大问题，气魄之大，罕有人比"。对于《诗经》，闻一多发掘了原生态的审美元素。他的《〈诗经〉的性欲观》对传统的"国风淫而不乱"论，提出了大胆的质疑和挑战："不管十五国风里那大多数的诗，是淫诗，还是刺淫的诗，也得有淫，然后才可刺。认清了《左传》是一部秽史，《诗经》是一部淫诗，我们才能看到春秋时代的真面目。"因为复原现场，其得出的结论就令人耳目一新。

**提法颖脱**。闻一多首次提出了"诗唐"的全新概念。他在《说唐诗·诗

---

① 闻一多：《西南联大讲堂》，北京出版社2014年版，第93页。

的唐朝》中说："一般人爱说唐诗，我却要讲'诗唐'，诗唐者，诗的唐朝也，懂得了诗的唐朝，才能欣赏唐朝的诗。"把"唐诗"改为"诗唐"，颠倒了，不是玩文字游戏，而是内蕴深刻的文化、文学、美学道理，也才能对唐诗这个具体的对象有别开生面的体认。他具体解释道："所谓诗的唐朝，理由是：（一）好诗多在唐朝；（二）诗的形式和内容的变化到唐朝达到了极点；（三）唐诗的体裁不仅是一代人的风格，实包括古今中外的各种诗体；（四）从唐诗分支出后来新的散文和小说等文体。最后一条需要略加说明，唐代早期某些散文，如王勃的《滕王阁序》、李白的《春夜宴桃李园序》等，原来只是作为集体写诗的说明书而存在，是附属于诗的散文，到中唐便发展成独立的一体，可说是由诗衍化出来的抒情散文，它形成了所谓八大家式的古文，显然是受了唐诗影响而别具一格。"闻一多对于"诗唐"的又一层意思，做了这样的说明："'诗唐'的另一含义，也可解释成唐人的生活是诗的生活，或者说他们的诗是生活化了的。"这一体认，灵思迸发，令人拍案叫绝。闻一多接着有详细的解读："什么叫诗化的生活或生活化了的诗呢？唐人作诗之普遍可说是空前绝后，凡生活中用到文字的地方，他们一律用诗的形式来写，达到任何事物无不可以入诗的程度。至于像时光的迁流、生命的暂促，本是诗歌常写的主题，而唐代的政治中心又在北方，旧陵古墓，触目皆是，特别是在兵戈初息或战乱未已的年代里，更容易触动诗人发思古之幽情，因而产生了中晚唐最多最好的怀古诗，这些都可说是生活诗化或诗的生活化的历史事实。""诗唐"作为社会学—审美学因此成了最能解透唐诗美学现象的范畴。循此，闻一多还深入到个体诗人身上，比如，他称孟浩然即称"诗的孟浩然"。

**用史识勾画诗史历程**。闻一多《唐诗杂论·宫体诗的自赎》把唐诗从宫体诗中解脱的情形描述得线条分明，特别是对那首唐诗美学史上除旧布新、建立历史功绩的《春江花月夜》的论述，更为出色。"至于那一百年间梁陈隋唐四代宫廷所遗下的那份最黑暗的罪孽，有了《春江花月夜》这样一首宫体诗，不也就洗净了吗？向前替宫体诗赎清了百年的罪，因此，向后也就和另一个顶峰陈子昂分工合作，清除了盛唐的路——张若虚的功绩是无从估计的。"他又在《说唐诗·孟浩然》中说："由初唐荒淫的宫体诗跳到杜甫严肃的人生描写，这中间必然有一段净化的过程，这就是孟浩然所代表的风格。"上述例证充分体现了闻一多的诗美学史基本特色和方法，是以卓越的历史见识作为先导，然后宏观扫描了史的图像，勾画了其发展的线索。

**用诗心体察诗人。**《说唐诗·王绩》说道："陶渊明是以士大夫身份乔扮作农夫，对农民生活作趣味的欣赏，拿审美的态度来看它，正如城里人下乡，见乡村生活有趣，于是模仿起来，比原来实际的乡村生活更显得新奇可爱。这种审美观念是纯粹的主观成分，把一切实用观点摆开，而陶渊明能够长期保持这种欣赏的生活态度，因而难得。陶诗的特点在于诗人对大自然长久作有趣的看法，天真的看法，表现出一种小孩儿似的思想感情。"这种体察是体验式的设身处地，是感同身受，是心灵的感应和认知。闻一多的那一番立论，也是用的纯美学论，这样，就是用主体的审美之心来体验对象的审美之心。

**用诗情点赞诗人。**闻一多在审美上对孟浩然平淡美最为赞赏，这是他个人的审美兴趣、审美倾向所致。《说唐诗·孟浩然》评价孟浩然道："孟浩然的感情比较平衡，如一泓秋水，平静无波，故少感伤作品。感伤是诗的最大敌人，盛唐大家只有孟氏是例外。"他用"清油点灯，有光而无烟"为比喻，说明"孟浩然对思想和诗境净化的成就"。他列举了《听郑五惜弹琴》《游精思观回王白云在后》，赞美道："诸作简直像没有诗，像一杯白开水，唯其如此，乃有醇味。古今大家达到这个造诣水准的也不甚多。"又举《晚泊浔阳望香炉峰》等四首诗说："写得平淡极了，几乎淡到没有诗的地步。可是这的确是最孟浩然式的诗。""说是孟浩然的诗，倒不如说是诗的孟浩然，更为准确。"他认为"孟浩然人是诗的灵魂"。

**以哲思感知诗家。**闻一多的诗美学有哲学的深度，他善于用哲思感知诗家的精神，提升哲理意味。他在《说唐诗·陈子昂》中评道："在人生万象中，谁都有感慨，子昂的感慨独高人一层，原因是他人的感慨都是由个人出发而联想到时空大无穷极，而子昂能忘记小我，所见为纯粹的真理，但又不是纯客观的。"用时空哲学作为切入点，闻一多认为，"关于时间的境界，子昂近于庄子；空间的境界……当近于邹衍。"他又认为，陈子昂独从哲学的"'玄感'下笔，摆脱陈套，所以独高"。他指出，"陈子昂的《登幽州台歌》不仅有宇宙意识，而且有历史意识"，并从哲学史、思想史上加以探源："发现他诗中的宇宙意识是来自正始，社会意识是来自建安，而与晖上人酬答诸诗，则达到向往自然的太康境界了。"这就把陈子昂的诗深化解读了，提升了其思想含义。

**以想象复现诗歌。** 闻一多本身是诗人，他极其善于运用诗的审美想象，复现原作的风神，将其化为美的画面，也就成为读者二度鉴赏的文本对象。例如对《诗经·芣苢》，他写道：

> 现在请你再把诗读一遍，抓紧那节奏，然后合上眼睛，揣摩那是一个夏天，芣苢都结子了，满山谷是采芣苢的妇女，满山谷响着歌声。这边人群中有一个新嫁的少妇，正捻那希望的玑珠出神，羞涩忽然潮上她的靥辅，一个巧笑，急忙地把它揣在怀里了，然后她的手只是机械似的替她摘，替她往怀里装，她的喉咙只随着大家的歌声啭着歌声————一片不知名的欣慰，没遮拦的狂欢。

这里有画面，有人物，人物有心理活动，有情绪表现等等，化为一篇优美的散文作品。同时，又贯注原始的生殖崇拜精神。闻一多在《诗经篇上·匡斋尺牍》中认为《芣苢》是"母性本能的最赤裸最响亮的呼声"，加浓了原作的思想色彩。

闻一多还有一个得天独厚的素质，他作为作家、诗人，有其他研究者所未备的来自生活的阅历、经验、体验和感受。他把这些巧妙地转化在对美学和美学史现象和规律的描述与揭示之中。因此，就特别使人觉得亲切，感同身受。他在《唐诗杂论·宫体诗的自赎》中写道：

> 从来没有暴风雨能够持久的。果然持久了，我们也吃不消，所以我们要它适可而止，因为，它究竟只是一个手段，打破郁闷烦躁的手段；也只是一个过程，达到雨过天青的过程。手段的作用是有时效的，过程的时间也不宜太长，所以在宫体诗的园地上，我们很侥幸地碰见了卢、骆，可也愿意能早点离开他们——为的是好和刘希夷会面。

这段描述饱含生活实感，像是在感受日常情景，但又是在描述诗美学史的过程，其日常性使其恍如发生在自己的身边。用日常性表达审美性，闻一多在生活和美学间用创新性意识和手段架起了通道。

文、史、哲、美四位一体铸就了闻一多美学史研究的晶体。他是一位超一流的指挥家，执棒指挥中国美学史超一流的交响乐队，舞台上活跃着他飘逸动人的身姿，潇洒漂亮，舒卷自如，得心应手，随心所欲……总之，闻一多在现代中国美学史的研究上取得了高山仰止的巅峰性成就。